SCHRADER-TYPEN-CHRONIK

Opel Blitz

Opel Blitz

1931–1975

Eine Dokumentation von Wolfgang Westerwelle

Motor
buch
Verlag

Einbandgestaltung: Luis dos Santos unter Verwendung eines Motivs aus dem Classic Archiv der Adam Opel AG.

Bildnachweis: Sämtliche abgebildeten Prospektseiten und Teile davon, Inserate und Fotografien sind, soweit nicht anders gekennzeichnet, urheberrechtlich © Opel Classic Archiv der Adam Opel AG geschützt

Bilder mit Einzel-Kennzeichnung sowie Dokumente und Fotos, die nicht auf Werksveröffentlichungen beruhen, stammen – sofern nicht anders angegeben – aus dem Archiv des Autors.

ISBN 978-3-613-3391-7

1. Auflage 2012

Sie finden uns im Internet unter www.motorbuch-verlag.de

Lektor: Joachim Köster
Innengestaltung: P. Drach, TEBITRON GmbH, Gerlingen
Druck und Bindung: Stürtz GmbH, D-97080 Würzburg
Printed in Germany

Inhalt

OPEL BLITZ
NA-NA-NA
F.W. KOCHX & ZONEN
DRIEHUIS - VELSEN
TELEFOON 59 IJMUIDEN
BRANDSTOFFENHANDEL
VRACHTRIJDERIJ
ZAND- EN GRINDHANDEL
OPEL CLUB

VORWORT
OPEL BLITZ – EIN LEGENDÄRER KLEINER LASTWAGEN (1931–1975)

Kleinere Lastwagen stehen zwar häufig im Schatten ihrer großen Brüder, was hier durchaus im doppelten Sinne gemeint sein könnte, doch ist ihre Leistung und nicht zuletzt ihre Beliebtheit ebenso anerkennenswert. Kleine Lkw sind zudem aus Kosten- und nicht zuletzt Platzgründen aber auch ein begehrtes Objekt in Sammlerkreisen. Allerdings sind gut erhaltene Klassiker heute eine gesuchte Rarität, obwohl gerade »Brot- und Butterautos« zu ihrer Zeit die Straßen dominierten und in großen Stückzahlen anzutreffen waren. Die vorliegende Typen-Chronik würdigt einen solchen Veteranen, der sich vor allem als unermüdlicher Helfer in der Wirtschaftswunderzeit, Anfang bis Mitte der 1950er Jahre, einen Namen gemacht hat, den Opel Blitz.

Zwischen 1931 und 1975 wurde er gebaut und fand in einer Vielzahl von Varianten zufriedene Abnehmer im zivilen und militärischen Bereich. Das umfangreiche Bild- und Prospektmaterial dokumentiert größtenteils in zeitgenössischen Aufnahmen die Vielseitigkeit des kleinen Lasters.

Löhne, im Januar 2012

Liebevoll restaurierter Opel Blitz 1,5 to. *(Foto: Joost J. Bakker © CC 2.0) in der Exportversion für die Niederlande.*

1

»ES BEGANN MIT EINEM PREISAUSSCHREIBEN«

1,5-Tonner Opel Blitz Lastwagen von 1930.

Während die Marke Opel heutzutage auf dem eigentlichen Nutzfahrzeugsektor keine Rolle mehr spielt, gehörten Lkw aus Rüsselsheim noch bis in die 1970er Jahre zum vertrauten Alltagsbild auf deutschen Straßen.

Bereits ab dem Jahre 1904 hatte man sich bei Opel mit dem Bau von leichten Lastwagen beschäftigt und entwickelte kurz vor und im Ersten Weltkrieg auch Fahrzeuge in der 3- bis 4-Tonnenklasse mit Motorleistungen zwischen 30 und 50 PS, darunter die sogenannten »Regeltonner«-Heeres-Lkw. Rund 4.400 Exemplare dieser Lkw-Typen verließen bis zum Jahre 1918 die Rüsselsheimer Werkshallen, in denen zu jener Zeit 4.000 Mitarbeiter beschäftigt waren. Hergestellt wurden auf der Basis der Lkw-Fahrgestelle auch Busse und Feuerwehrfahrzeuge. Dazu kamen Auto- und Flugzeugmotoren sowie anderweitige Rüstungsgüter. Mit dem Kriegsende 1918 brachen diese Absatzmärkte weg. Zudem wurde das Werk von französischen Truppen besetzt und später, im Inflationsjahr 1923, sogar vorübergehend ganz still gelegt.

Nach einem schwierigen Neubeginn wurden zunächst in ganz kleinen Stückzahlen die alten Regellastwagen mit drei und vier Tonnen Nutzlast neu aufgelegt. Als erste Neuschöpfung galt 1919 ein leichter 1,5/2-Tonner mit 30-PS-Motor, der die Typ-Bezeichnung »14/30« erhielt. Erst 1927/28 kam in Form neuer Schnelllastwagen in den Nutzlastklassen 1,5 t, 1,75 t, 2 t und 2,5 t neues Leben in die Angebotspalette. Die Merkmale dieser mit »10/45« und »12/50« bezeichneten Typen waren Luftreifen, Vierradbremsen, angeblocktes Getriebe und Mittelschaltung.

Ab dem Jahr 1928 wurden dann auch unternehmenspolitisch die Weichen neu gestellt. General Motors übernahm, auf Initiative von GMC-Präsident Alfred P. Sloan, die Aktienmehrheit und damit auch das Kommando in Rüsselsheim. Die erfahrenen Marketingstrategen aus den USA hatten die Ausbaufähigkeit des deutschen Marktes erkannt und trennten in einem ersten Schritt die Geschäftsbereiche Pkw und Lkw.

Opel übernahm das Konzept vom erfolgreichen kleinen Chevrolet-Lkw und stellte ab dem Jahre 1930 neue 1,5 und 2-Tonner vor, die mit dem bewährten Buick-Marquette-Motor ausgestattet wurden. Zur Markteinführung suchte man mit Hilfe eines werbewirksamen Preisausschreibens einen prägnanten, auch international verständlichen Namen für den neuen Laster:

»Ein Opel ist zu gewinnen! Wir suchen einen Namen, den wir in der ganzen Welt berühmt machen wollen! Der neue Lastwagen soll seinen Siegeszug durch

Einer der attraktiven Hauptpreise: Ein Opel 4-PS-Viersitzer. Der Pkw (Bauzeit 1929-1931) trägt diese Bezeichnung nach der steuerlichen Berechnungsformel, die damals Gültigkeit hatte. Die Motorleistung lag bei 20 PS.

Deutschland und über Deutschlands Grenzen hinaus unter einem Namen antreten, der ihn als deutsches Fabrikat kennzeichnet und gleichzeitig Ausdruck seiner überlegenen Qualität ist.« Attraktive, hochwertige Preise wurden dazu bereitgestellt. So gab es u. a. einen Opel Pkw-Viersitzer und vier 500-ccm-Motorräder des Opel-Typs »Motoclub«, dessen Fertigung damals eingestellt wurde, zu gewinnen. In Anbetracht dieser Preise war es nicht verwunderlich, dass zum Einsendeschluss 6. Oktober 1930 über 1,5 Millionen Posteingänge verzeichnet wurden. Auf der ersten großen Händlertagung, die am 24. und 25. November 1930 stattfand, konnte Verkaufsleiter P. Andersen im Frankfurter »Ufa-Palast« den neuen Namen für die Lkw-Generation von 1931 vorstellen: »Opel Blitz«.

Modell/Typ/ Baureihe	Blitz-Lkw, 1,5 to
Bauzeit	1930–1931
Stückzahl	700
Motor	4-Zylinder (Reihe) Ottomotor
Leistung: PS, U/min	40, 2800
Bohrung x Hub: mm	89 x 105
Hubraum: cm^3	2594
Getriebe	3-Gang (Zahnschubgetriebe)
L x B x H: mm	5266 x 2125 x 2473
Radstand: mm	3328
Räder (Bauart)	Hering-Stahlscheibenräder
Leergewicht: kg	1675
Zulässiges Gesamtgewicht: kg	3455
Tankinhalt: l	65
Höchstgeschwindig-keit: km/h	Ca. 65
Grundpreis	k. A.

Ein gut erhaltener Opel Blitz der Anfangsjahre. *(Foto: Stefan Flöper © CC 3.0)*

Die Bekanntgabe des Namens dokumentierte sozusagen die Geburtsstunde einer Legende. Den Namen »Blitz« hatte es übrigens zuvor schon einmal bei Opel gegeben: Ein schnelles Herrenfahrrad trug um die Jahrhundertwende diese Typbezeichnung.

Der 10/45 Eintonner, Typ 10, aus dem Jahre 1926 war ein Vorgänger des Opel Blitz.

2

BLITZARTIG AUF ERFOLGSKURS

(Foto: Stefan Flöper, © CC 3.0)

Blitz 6, 2,5 to, 1932.

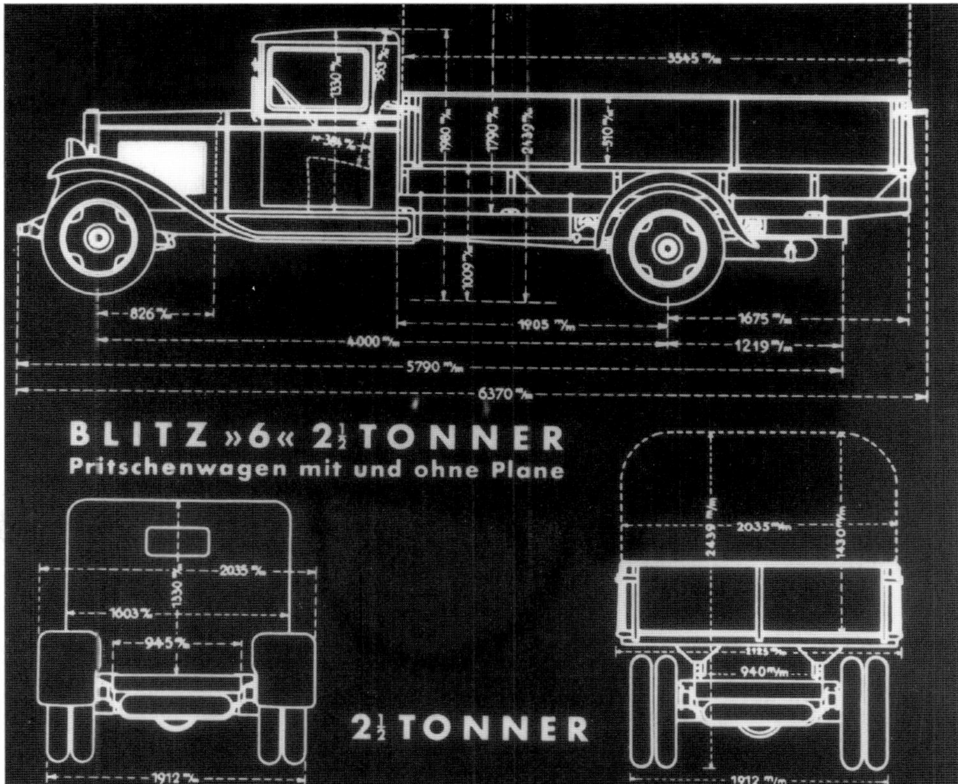

Bereits kurz nach der Präsentation lief die Produktion des neuen Typs an, der die Bezeichnung Blitz »6« erhielt. Für eine kurze Zeit wurden auch die 1,5- und 1,75-Tonnen Auslaufmodelle mit dem 40/45-PS-Motor unter der Bezeichnung »Blitz« angeboten.

Trotz der damals schwierigen Wirtschaftslage konnte sich das neue Modell sofort behaupten und erreichte 1931 eine Verkaufssteigerung um 17 Prozent gegenüber den vergleichbaren Vorjahreswerten. Bereits im ersten Fertigungsjahr liefen in Rüsselsheim fast 1.400 Einheiten vom Band. Dazu kam noch der »alte« Kleinlastwagen, der ebenfalls unter dem Namen »Blitz« bis Mitte 1931 auch noch 700 Mal produziert wurde.

Der Erfolg der neuen Opel-Lastwagen hing mit ihrem Konstruktionsprinzip zusammen: Geringes Eigengewicht in

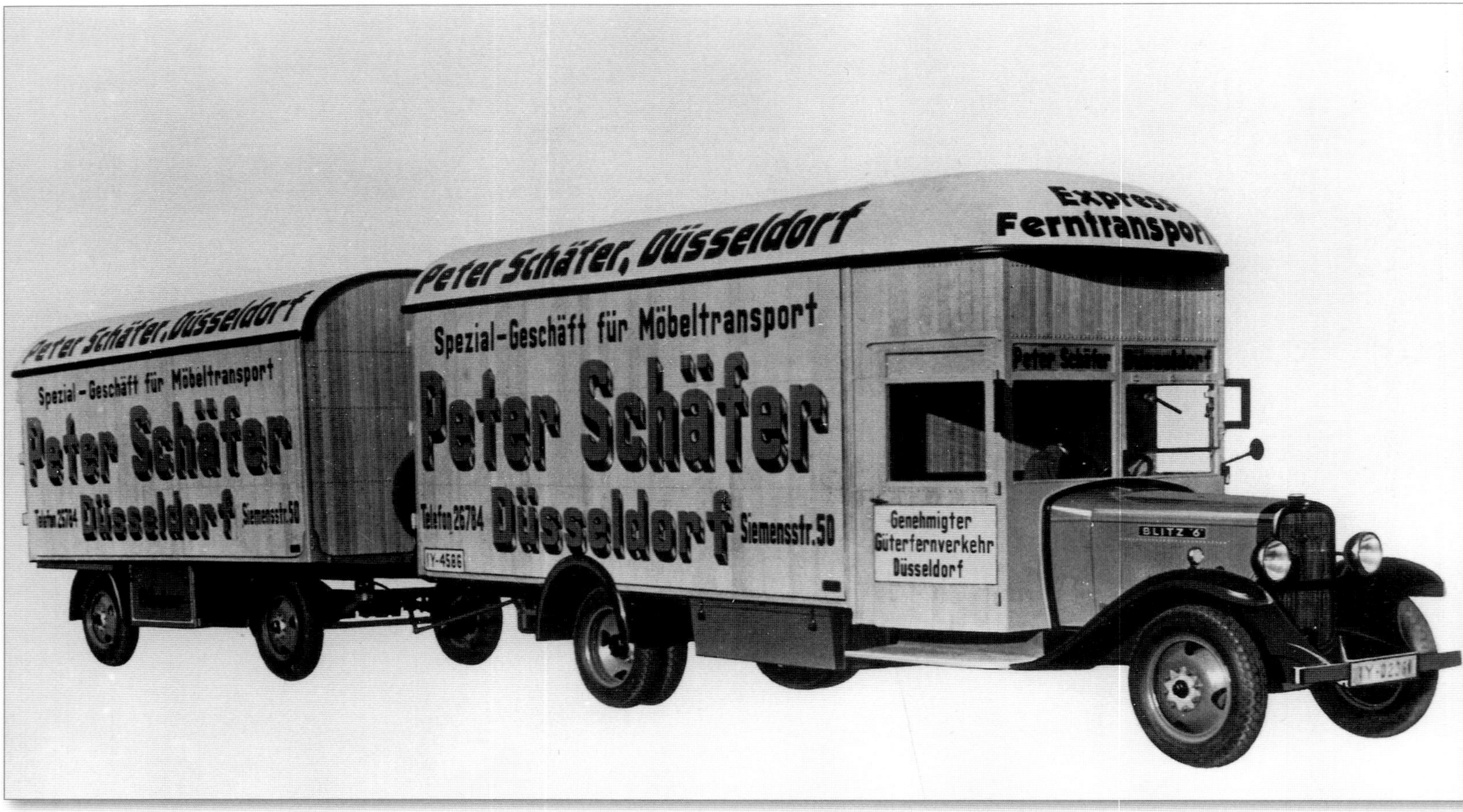

Blitz 6 Möbelwagen-Hängerzug 2,5 to.

Verbindung mit hoher Nutzlast. Mit dem bewährten, wenngleich veralteten Buick-Marquette-Motor besaß der nach amerikanischen Maßstäben gebaute »Ur-Blitz« (2-Tonner) zugleich ein problemloses Triebwerk. Der Sechszylinder-Blockmotor mit stehenden Ventilen leistete zunächst 61 PS, ab 1932 dann 64 PS. Der Motor selbst war aus Grauguss, die Kolben bestanden aus Aluminiumguss. In dieser Leistungsklasse war die Verwendung eines Sechszylindermotors (= daher die Typbezeichnung Blitz »6«) eine Besonderheit.

Die Höchstgeschwindigkeit betrug anfangs 65 km/h, danach waren sogar für einen Lkw der damaligen Zeit passable 75 km/h möglich. Lieferbar war der Blitz in drei verschiedenen Radständen. Ab 1932 wurde das veraltete Bremssystem (Seilzug) modernisiert.

Der 2,5-Tonner Typ »Blitz 3 L« ging ebenfalls in diesem Jahr in Serie. Eine kleine Stückzahl dieses Typs wurde auch als Zugmaschine für besondere Sattelschlepperbusse gefertigt, die damals nicht unüblich waren. Die Angebotspalette wurde Ende 1933 mit dem »Blitz 1-Tonner« weiter abgerundet und auch die kleinen Lieferwagen für 400 kg Nutzlast konnten jetzt mit der neuen Karosserie bestellt werden.

Parallel zur Entwicklung der Modellpalette lief dazu die werksinterne Schulung, von Opel bereits im Frühjahr 1931 ins Leben gerufen. »Leiter und Gehilfen« der Kun-

Blitz 6 Langeisentransporter.

Blitz 6 Pritschensattelzug.

dendienstabteilungen wurden in zweiwöchigen Kursen auf den technisch jeweils aktuellen Stand gebracht. Nach bestandener Prüfung erhielten die Lehrgangsteilnehmer (ca. fünfzehn Mechaniker pro Kurs) ein Diplom. Die Schulungseinrichtungen auf dem Rüsselsheimer Werksgelände umfassten einen Unterrichtsraum, eine Musterwerkstatt, ein Teilelager sowie Lichtbild- und Filmvorführungsapparate. Ausgerichtet auf die einzelnen Zielgruppen bekamen die Opel-Verkäufer spezifische Abnehmeranalysen für Handwerker, Spediteure, Kaufhäuser, Brauereien, Omnibusbetriebe und Kommunen. Letz-

Blitz 6 Tanksattelzug.

Der Typ 3,5-47-25 (2,5 to) in der Ausführung als 40-sitziger Sattelschlepper-Omnibus.

Blitz 6 Waldbrandgeräte-Kraftfahrzeug.

tere sollten vor allem für die neuen Krankenwagen, Feuerwehraufbauten und Entsorgungsfahrzeuge interessiert werden; denn noch war die Nachfrage im Bereich der Zivilfahrzeuge durch die schlechte Konjunktur beeinflusst – und noch fehlten Aufträge vom Militär, was allerdings auf Opel selbst zurückzuführen ist. In Rüsselsheim hatte man den Schwerpunkt eindeutig auf den zivilen Bereich gelegt und auf die Motorisierung breiter Bevölkerungsschichten gesetzt. Um Fertigungsaufträge von der Reichswehr hatte man sich Anfang der 1930er Jahre nicht bemüht.

Die „Fliegende Werkschule“: Ein komplett mit Werkzeug und Maschinen ausgerüsteter Blitz 2,5-Tonner.

Die Fliegende Kundendienstschule (Werkschule)

Im Jahre 1935 erweiterte Opel die Ausbildungsmöglichkeiten der Kunden-

dienstmitarbeiter um die »Fliegende Werkschule«. Komplett mit Werkzeug und Maschinen ausgerüstete »Blitz« 2,5-Tonner ermöglichten zum Teil mehrwöchige Lehrgänge direkt vor Ort, bei den Opel-Werkstätten in ganz Deutschland. Dieses ständig erweiterte »Lehr- und Lernmodell« kam 1944 durch den Krieg vorübergehend zum Erliegen, wurde dann jedoch in ähnlicher Form wieder aufgenommen.

Die Opel-Karawane

Um gute Reklame-Ideen war die Opel-Werbeabteilung nie verlegen, wie schon das erfolgreiche Preisausschreiben zur Namensfindung des neuen Lkw-Typs zeigte. Im Spätsommer 1935 liefen die Vorbereitungen zu einer weiteren publikumswirksamen Werbeaktion an, in deren Mittelpunkt diesmal die Fahrzeuge selbst standen. So verließen am 7. September 1935 erstmals fünf »Opel Blitz Karawanen« das Werksgelände in Rüsselsheim zu einer Deutschlandfahrt als mobile Verkaufsschau. Es handelte sich dabei jeweils um elf einheitlich in Rot lackierte Opel Blitz mit verschiedenen Aufbauten, an deren Spitze ein Lautsprecherwagen fuhr.

Ohne Zweifel sorgten diese Konvois brandneuer Lastkraftwagen überall für Aufmerksamkeit und zogen nicht nur die Blicke des interessierten Fachpublikums auf sich. Opel zeigte im wahrsten Sinne des Wortes »Kundennähe«. Potenzielle Käufer konnten sich direkt vor Ort ein Bild der vielfältigen Angebotspalette machen.

So sah das Opel-Lastwagenprogramm im Jahre 1935 aus:

- Blitz 1-Tonner (2-Liter-Sechszylinder) als Chassis, Chassis mit Führerhaus, Kasten- und Pritschenwagen;
- Blitz 2-Tonner (3,5-Liter) als Chassis und Pritschenwagen mit Radständen von 3,41 und 4,00 Metern;
- Blitz 2,5-Tonner (3,5-Liter) als Chassis und Pritschenwagen mit 4 Meter Radstand;
- Blitz 2,5-Tonner (3,5-Liter) Spezialchassis (z. B. für Omnibusse) mit einem Radstand von 4,65 Metern.

Daneben konnten Fahrgestelle mit Hilfe einer besonderen Hinterachsübersetzung auch als Zugmaschine für 5-Tonner-Sattelauflieger eingesetzt werden.

Die 2- und 2,5-Tonner zeichneten sich durch die Möglichkeit aus, sie mit höherem als im Kfz-Brief angegebenem Gewicht zu beladen. Bemerkenswert dabei war, dass die Fahrzeuge mehr Gewicht tragen konnten, als sie selbst wogen. Bis zum Jahresende 1935 hatten rund 10.000 Blitz-Varianten die Montagebänder in Rüsselsheim verlassen.

Modell/Typ/Baureihe	Blitz-Lkw 2,5 to (»Blitz 6«)
Bauzeit	1930–1931
Stückzahl	574
Motor	6-Zylinder (Reihe) Ottomotor
Leistung: PS, U/min	55, 2900
Bohrung x Hub: mm	79,4 x 117,7
Hubraum: cm^3	3417
Getriebe	4-Gang (Zahnradschubgetriebe)
L x B x H: mm	6370 x 2125 x 1980
Radstand: mm	4000
Räder (Bauart)	Hering-Stahlscheibenräder
Leergewicht: kg	1525
Zulässiges Gesamtgewicht: kg	4900
Tankinhalt: l	62
Höchstgeschwindigkeit: km/h	80
Grundpreis	k. A.

Modell/Typ/Baureihe	Blitz-Lkw 1 to, Typ 2,0-12
Bauzeit	1934–1938
Stückzahl	21.375
Motor	6-Zylinder (Reihe) Ottomotor
Leistung: PS, U/min	36, 3600
Bohrung x Hub: mm	67,5 x 90
Hubraum: cm^3	1920
Getriebe	4-Gang-Getriebe
L x B x H: mm	4650 x 1940 x 1900–2300
Radstand: mm	2852
Räder (Bauart)	Stahlscheibenräder (Tiefbettfelge)
Leergewicht: kg	900
Zulässiges Gesamtgewicht: kg	2500
Tankinhalt: l	38
Höchstgeschwindigkeit: km/h	80
Grundpreis: RM	2290,–

3

DER BLITZ-DREITONNER UND SEINE KLEINEN BRÜDER

Blitz-Krankenwagen auf der IAA 1938: 1 to, 1,5 to, 3 to.

Am 28. Februar 1935 wurden zunächst Steuererleichterungen für die Besitzer geländegängiger Serien-Lastwagen verkündet und rund ein Jahr später folgten vom Reichsverkehrsministerium die Konstruktionsvorschriften für handelsübliche Lkw mit bedingter Geländefähigkeit. Gefordert wurde u. a.:

- Günstiges Verhältnis von Eigengewicht zu Nutzlast.
- Günstiges Leistungsgewicht (bezogen auf das zulässige Gesamtgewicht).
- Einwandfreier Lauf des Motors bei Längs- und Querneigung des Fahrzeugs.
- Mindestens fünf Vorwärtsgänge mit Geländegang.
- Günstige Bodenfreiheit.
- Geringer Überhang (großer Geländewinkel).
- Größere Verschränkbarkeit der Achsen.
- Übergröße von Felgen und Reifen.

Im Frühjahr 1936 stellte Opel den Dreitonner »Blitz S« mit entsprechenden Eigenschaften vor. Zunächst mit einem 64-PS-Motor ausgerüstet, kam 1937 der neue 3,6-Ltr.-Motor mit 75 PS zum Einbau. Der Blitz wurde zur Basis zahlreicher Aufbauvarianten, wie Feuerwehren, Tank- und Kommunalfahrzeuge.

Auch Bus-Fahrgestelle, teilweise aerodynamisch geformt, waren im Angebot. Allein im Zeitabschnitt September 1936/ April 1937 wurden von den Bus-Chassis 805 Exemplare verkauft. 1938 erreichte der Marktanteil der Blitz-Omnibusse 39

Eintonner-Blitz als Krankenwagen, 1936.

Blitz Eintonner-Krankenwagen mit zwei Tragen, 1936.

Blitz 2,5 to Pritschenwagen, Radstand 5650 mm mit Anhänger.

Mit gezacktem Blitz am Kühler: Vorserien-Dreitonner, 1936.

... und so ging er in Serie. Dreitonner-Pritschenwagen, 1937.

Prozent. Das lag einerseits an der hohen Reisegeschwindigkeit, andererseits an dem günstigen Verhältnis von Wagengewicht und Nutzlast. In der modernen Leichtbauweise wog ein Blitz-Bus mit 37 Sitzplätzen 3500 kg, was einem Wagengewicht von nur 95 kg je Fahrgast entspricht.

Die Typ-Bezeichnung »S« konnte als »Standard«, »Serie« oder »steuerermäßigt« ausgelegt werden. Unterm Strich gab es für den Blitz-Besitzer einen Steuernachlass von 33,3 Prozent. Die vergleichbare Jahressteuer verringerte sich von 378 RM auf 252 RM. Im Januar und im Oktober 1938 wurde das Blitz-Programm konsequent erweitert und auch Neuerungen fanden Einzug.

Der lang erwartete 1,5-Tonner, optisch dem Dreitonner sehr ähnlich, entwickelte dank des neuen 6-Zylinder-Kurzhubmotors (2473 cm^3) wahre »Blitz«-Eigenschaften (Höchstgeschwindigkeit ca. 90 km/h). Dieses 55 PS starke Aggregat wurde beispielsweise auch in das Pkw-Modell Opel »Kapitän« eingebaut. Auch der kleine Ein-Tonner mit festem Aufbau stieß auf großes Interesse. Indes blieben die Stückzahlen beider Typen gering, denn die militärischen Vorgaben im Bezug auf das anlaufende Typen-Begrenzungsprogramm (»Schell-Plan«) begannen sich nun auf die Produktion auszuwirken. So wurde die Fertigung des Ein-Tonners bereits im Sommer 1940 eingestellt, der 1,5-Tonner folgte im Spätherbst 1942. Die wenigen an zivile Nutzer ausgelieferten Fahrzeuge waren durchweg auf Holzgasgeneratorbetrieb

Dreitonner-Fahrgestell auf der Automobilausstellung, 1937.

Blitz Dreitonner-Möbelwagen auf Niederrahmenfahrgestell, 1938.

Dreitonner-Blitz, Möbelwagenhängerzug, 1939.

Dreitonner-Blitz-Möbelwagen mit Gasantrieb, 1939.

umgestellt. Einzig der Dreitonner (Typ 3,6-36) blieb bis zum Kriegsende und auch danach in der Produktion, zuletzt als ungeliebter Lizenzbau (Typ L 701) bei Daimler-Benz. Mercedes wiederum bediente sich 1943 in diesem Zusammenhang eines Blitz-Dreitonner-Fahrgestells für Versuche mit dem neu entwickelten (luftgekühlten) Motortyp OM 175.

»Blitz-Bilanz« bis 1945

Auch ohne Lieferungen an das Militär war es Opel gelungen, in den 1930er Jahren zum größten Automobilhersteller Europas aufzusteigen. Den größten Beitrag dazu lieferten die Nutzfahrzeuge. So lag der Anteil der Lkw-Fertigung 1934/35 zwischen 10 und 15 Prozent der Gesamtproduktion. 1937 waren es 19 Prozent und im Jahr 1939, als die Pkw-Produktion noch auf vollen Touren lief, waren es 24 Prozent. Opel setzte sein Motto »Wenige Typen – Große Stückzahlen« konsequent um.

Die letzten, noch unter Führung von General Motors neu entwickelten Modelle entsprachen in

Blitz Straßenreinigungsfahrzeug (1937). Die frühen Dreitonner sind an den Lüfter-Klappen zwischen Tür und Haube zu erkennen.

Blitz-Straßenreinigungsfahrzeug (1943) mit Wassertank und hinten angebrachter Reinigungsbürste.

ihrem Aussehen dem amerikanischen Zeitgeschmack. Führerhaus, Motorhaube und Kotflügel wurden rundlich ausgeführt und auch eine Art Frontlenker, ein Kurzhauber in der amerikanischen »C.O.E.«-Bauweise (= Cab Over Engine), war bereits dem Zeichenbrettstadium entwachsen. Gebaut wurden letztlich aber nur drei Prototypen, einer davon mit Allradantrieb.

Ab 1940 wurde die gesamte Produktion auf Rüstungsgüter umgestellt, zu denen auch Flugzeugteile und Motoren gehörten. Der Anteil der Lkw-Produktion betrug schließlich 73 Prozent der Gesamtproduktion. 1800 Blitz-Laster verließen im Durchschnitt pro Monat das Brandenburger Werk. Von 1940 bis zur Zerstörung der Fabrikanlagen im

Restaurierter Möbeltransporter: die Zugmaschine stammt aus dem Jahr 1939, der Auflieger ist von 1937. *(Foto: Jörg Fenn)*

Blitz Milchtankwagen-Sattelzug, 1938.

August 1944 liefen 77.670 Fahrzeuge von den Bändern. Der Dreitonner »S« bildete dabei das Gros, den Rest teilten sich der Allrad-Blitz, das Halbkettenfahrzeug »Maultier« und Omnibusfahrgestelle.

Blitz Viehtransporter auf Niederrahmenfahrgestell, 1939.

Sehr beliebt war der Blitz im kommunalen Einsatz, z. B. bei der Kanalreinigung.

Blitz Reiseomnibus (1937).

„Blitz"-Stromlinien-Reisebus „Straßenzepp". Aufbau der Firma Ludewig (1938).

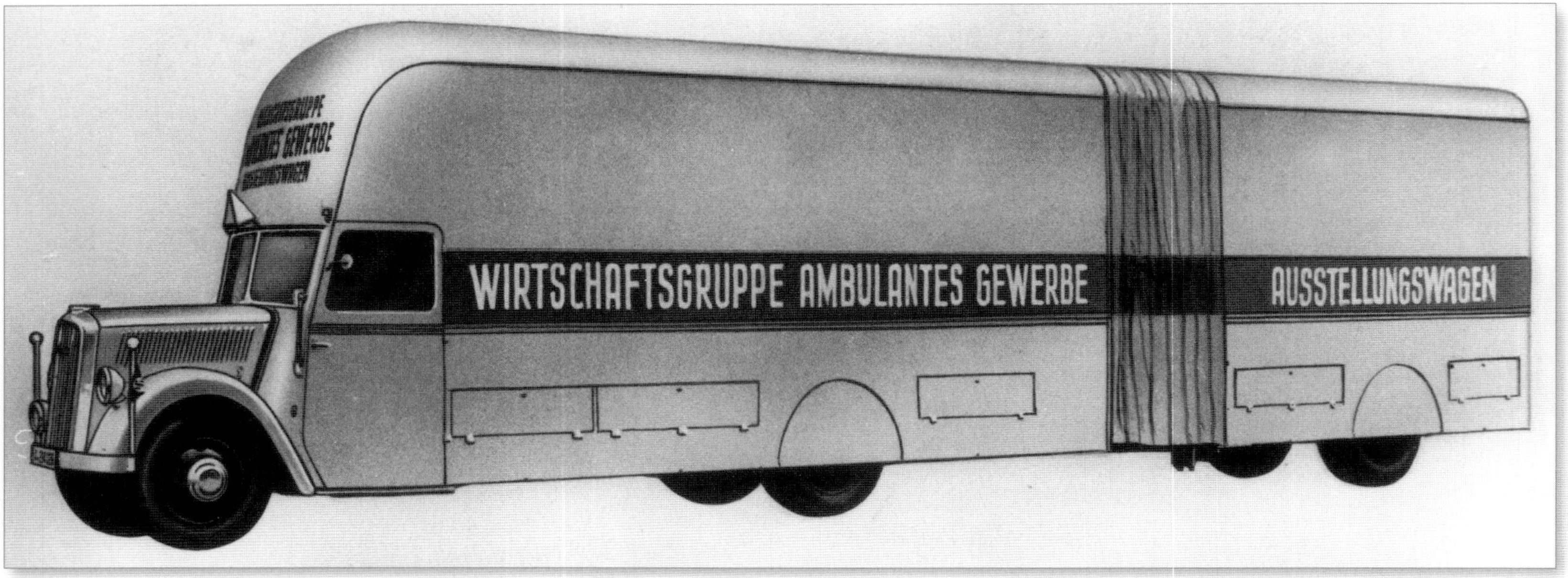

Gliederzug-Ausstellungswagen, 1939.

Modell/Typ/Baureihe	Blitz-Lkw 3 to, Typ 3,5-36 und 3,5-47
Bauzeit	1936–1937
Stückzahl	5.605
Motor	6-Zylinder (Reihe) Ottomotor
Leistung: PS / U/min	64/2900
Bohrung x Hub: mm	79,4 x 117,5
Hubraum: cm^3	3417
Getriebe	4-Gang-Getriebe ZK K 30 (Zahnradschubgetriebe)
L x B x H: mm	6020 x 2265 x 2660 (Plane)
Radstand: mm	3600 (langer Radstand = 4650)
Räder (Bauart)	Stahlscheibenräder
Leergewicht: kg	1805
Zulässiges Gesamtgewicht: kg	5700 (langer Radstand = 6000)
Tankinhalt	82
Höchstgeschwindigkeit: km/h	90
Grundpreis RM	5300,– (Pritschenwagen); 5500,– (mit Plane)

Modell/Typ/Baureihe	Blitz-Lkw 3 to lang, Typ 3,6-42
Bauzeit	1937–1944
Stückzahl	14.122
Motor	6-Zylinder (Reihe) Ottomotor
Leistung: PS / U/min	75/3200
Bohrung x Hub: mm	90 x 95
Hubraum: cm^3	3626
Getriebe	5-Gang (Werksangabe: 4. und 5. Gang geräuscharm)
L x B x H: mm	7030 x 2070 x 2580
Radstand: mm	4650
Räder (Bauart)	Stahlscheibenräder (Flachbettfelge)
Leergewicht: kg	1805
Zulässiges Gesamtgewicht: kg	5700
Tankinhalt: l	82
Höchstgeschwindigkeit: km/h	ca. 85
Grundpreise: RM	5600,– (Pritschenwagen); 5800,– (Spriegel u. Plane)

Kinowerbung (Dia), 1938. *(Opel Archiv)*

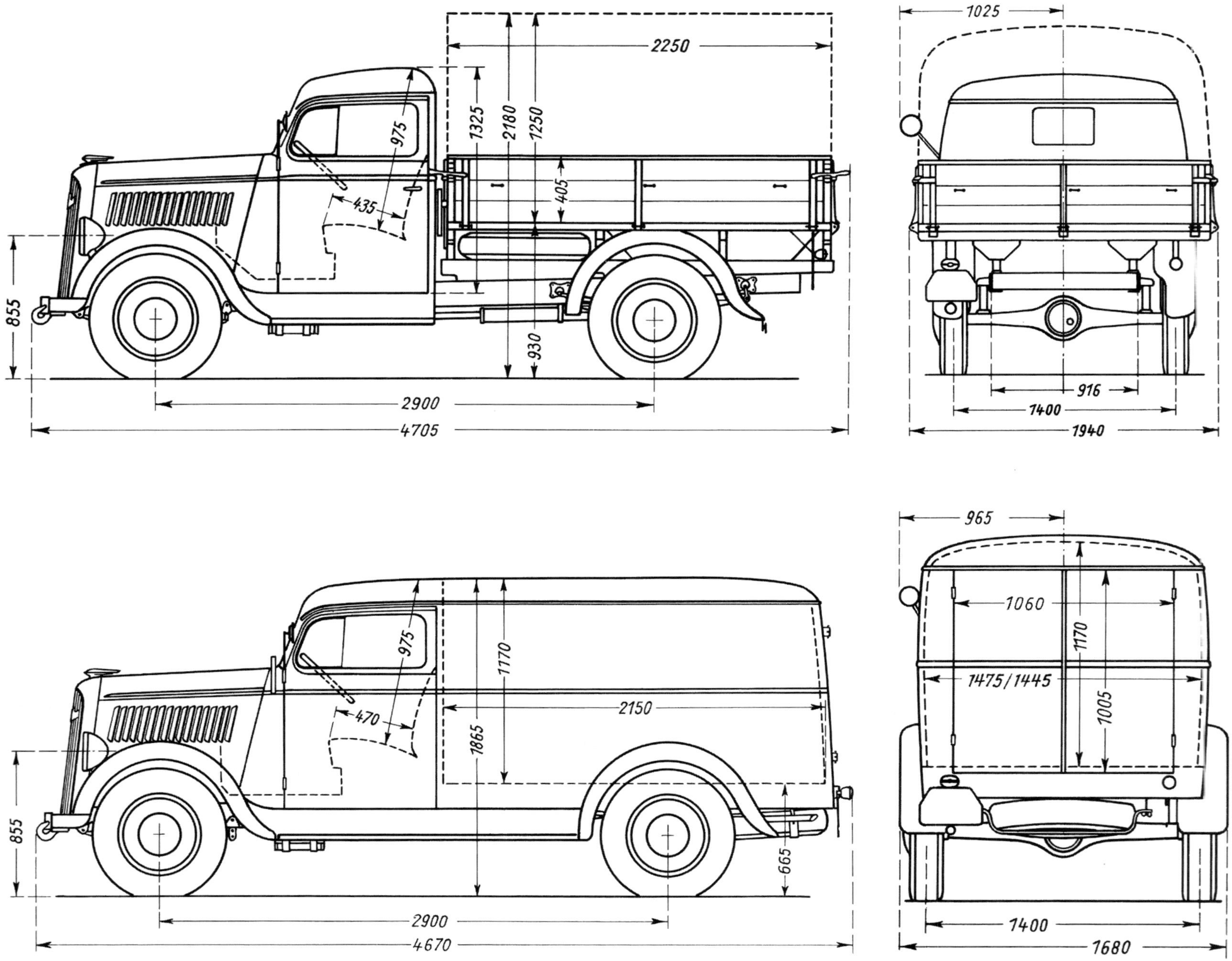

Risszeichnungen der Blitz-Eintonner-Varianten, 1938.

Modell/Typ/Baureihe	Blitz-Niederrahmenfahrgestell 3to, Typ 3,6-47 NR
Bauzeit	1937–1944
Stückzahl	8336
Motor	6-Zylinder (Reihe) Ottomotor
Leistung: PS, U/min	75, 3200
Bohrung x Hub: mm	90 x 95
Hubraum: cm³	3626
Getriebe	5-Gang (Werksangabe: 4. und 5. Gang geräuscharm)
Länge: mm	7360
Radstand: mm	4650
Räder (Bauart)	Stahlscheibenräder (Flachbettfelge)
Leergewicht: kg	1900
Zulässiges Gesamtgewicht: kg	6000
Tankinhalt: l	82
Höchstgeschwindigkeit: km/h	80
Grundpreise: RM	4900,– (Fahrgestell); 5400,– (mit Fahrerhaus)

Modell/Typ/Baureihe	Opel Blitz 3 to, Typ 3,6-36 »S«
Bauzeit	1937–1944
Stückzahl	82.356
Motor	6-Zylinder (Reihe) Ottomotor
Leistung: PS, U/min	75, 3200 (ziv.) 68, 3000 (mil.)
Bohrung x Hub: mm	90 x 95
Hubraum: cm³	3626
Getriebe	5-Gang (Werksangabe: 4. und 5. Gang geräuscharm)
L x B x H: mm	6020 x 2270 x 2590
Radstand: mm	3600
Räder (Bauart)	Stahlscheibenräder mit Flachbettfelgen
Leergewicht: kg	1790
Zulässiges Gesamtgewicht: kg	5700
Tankinhalt: l	82
Höchstgeschwindigkeit: km/h	ca. 85
Grundpreise: RM	5.300,– (Pritsche); 5.500,– (mit Plane)

Tribut an die kriegsbedingten Rohstoffengpässe (ab 1941): Statt mit Benzinmotor wurden zumindest zivil genutzte Fahzeuge nun mit Holzgasgeneratoren ausgeliefert.

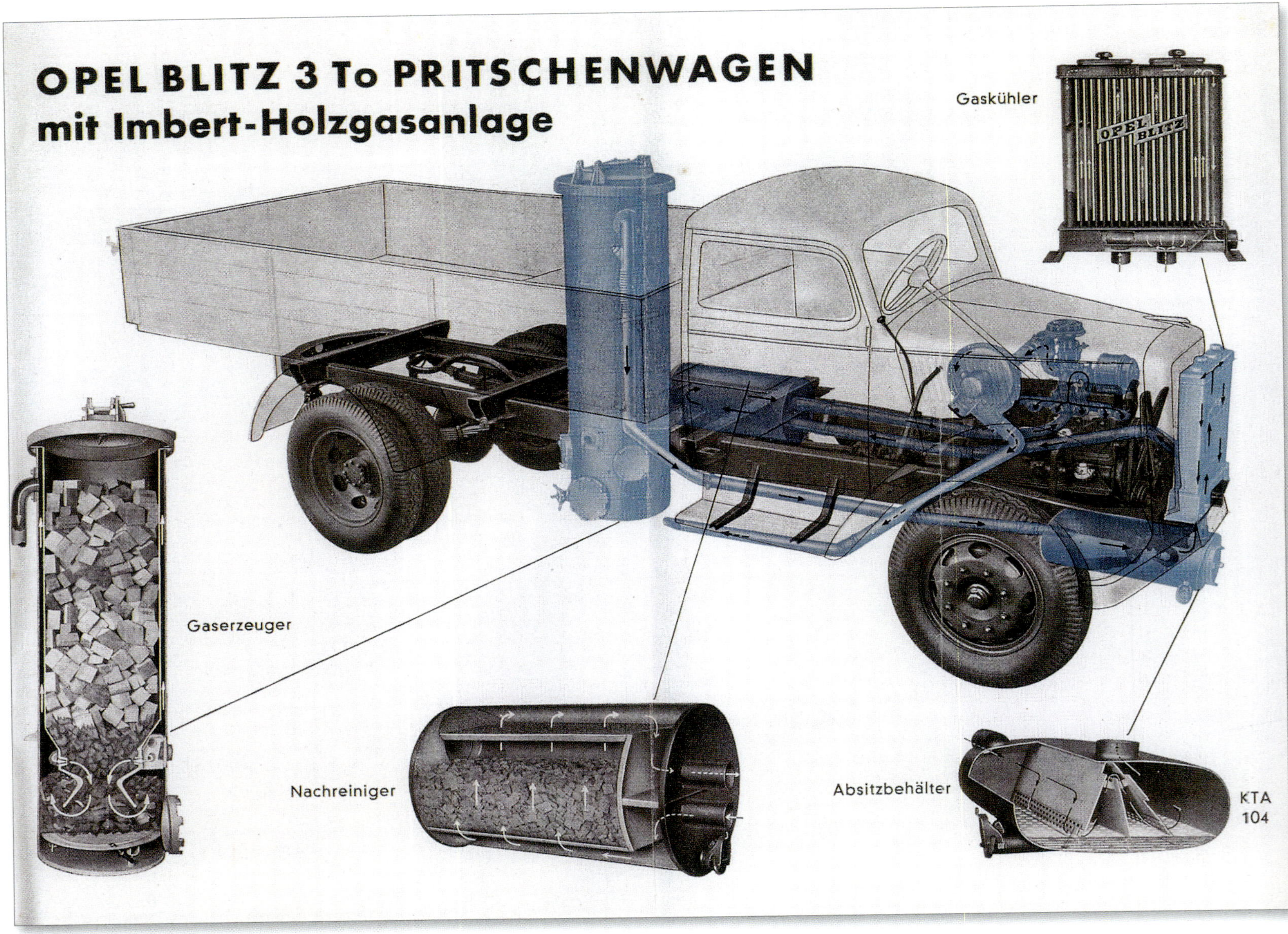

Opel Blitz mit Holzgasanlage. *(Archiv Tryller)*

ARBEITSWEISE UND ANORDNUNG DER HOLZGASANLAGE IM OPEL BLITZ 3 To

Die Imbert-Holzgasanlage arbeitet nach dem Sauggasprinzip. Der Motor saugt während der Ansaughübe das im Gaserzeuger hergestellte Holzgas an. Der Gasweg führt über Rohrleitungen durch den Absitzbehälter, Gaskühler, Nachreiniger und Gasluftmischer zum Motor.

Im **Gaserzeuger** befindet sich der Herdeinsatz. In der Herdzone bis zur Höhe des Herdkragens liegt Holzkohle, darüber die Tankholzfüllung, die bis knapp unter den Klappdeckel reicht. Im Unterteil des Herdeinsatzes glüht bei im Betrieb befindlichem Gaserzeuger die Holzkohle, die durch Tankholz, das von oben nachrutscht, ergänzt wird. Das Holzgas strömt von der unten liegenden Herdzone zwischen der Innenauskleidung und dem Außenmantel nach oben und gelangt durch die nach unten führende Rohrleitung in den Absitzbehälter.

Im **Absitzbehälter** leiten Bleche das Gas durch Kammern, in denen sich Staubteile und Kondenswasser absetzen. Das Gas kommt hier auch mit dem am Boden abgesetzten Wasser in Berührung und wird zusätzlich gereinigt. Unmittelbar über dem Absitzbehälter liegt der Gaskühler.

In den **Gaskühler** strömt das Gas von unten durch die Kühlkanäle nach oben und wird gekühlt. Bei Erreichung des Taupunktes wird weiteres Kondenswasser ausgeschieden, das nach unten tropft und sich im Absitzbehälter ansammelt. Das Wasser tropft entgegengesetzt zur Strömrichtung des Gases und reinigt dieses nochmals. Aus dem oberen Kühlerkasten strömt das Gas durch die beiden seitlichen Kanäle in die unteren seitlichen Kammern des Gaskühlers, die durch ein innen liegendes Rohr miteinander verbunden sind. Das gekühlte Gas strömt aus der linken, unteren Kammer durch eine Rohrleitung in die untere Hälfte des Nachreinigers.

Im **Nachreiniger** liegt auf einem Sieb die Korkfüllung, die etwa ²/₃ der Höhe bis zum oberen Siebblech einnimmt. Das restliche Kondenswasser wird im Nachreiniger ausgeschieden und sammelt sich in dessen Unterteil an. Die Gasreinigung im Nachreiniger erfolgt zunächst durch Berührung des durchströmenden Gases mit der Wasseroberfläche im Unterteil, dann wird das Gas durch die kleinen Zwischenräume der Korkfüllung nach oben gesaugt, in denen ebenfalls Feuchtigkeit, durch Kondenswasser verursacht, vorhanden ist. Erst nachdem das Holzgas die Korkfüllung und das obere Sieb des Nachreinigers durchströmt hat, gelangt es in die Rohrleitung, die zum Gasluftmischer führt.

Im **Gasluftmischer** strömt durch einen Kanal Holzgas ein, während der Motor durch einen zweiten Kanal Luft ansaugt. Die Mischung Holzgas : Luft erfolgt im Verhältnis 1:1 bis 1:1,2. Dieses zündfähige Gemisch strömt weiter durch das Ansaugrohr und gelangt bei geöffneten Einlaßventilen in die Verbrennungsräume der einzelnen Zylinder. Das verdichtete Holzgas-Luftgemisch wird durch einen an der Zündkerze überspringenden Funken entzündet.

43

Originalabdruck aus der Bedienungsanweisung. *(Archiv Tryller)*

Prospektauszug (1937). *(Archiv Tryller)*

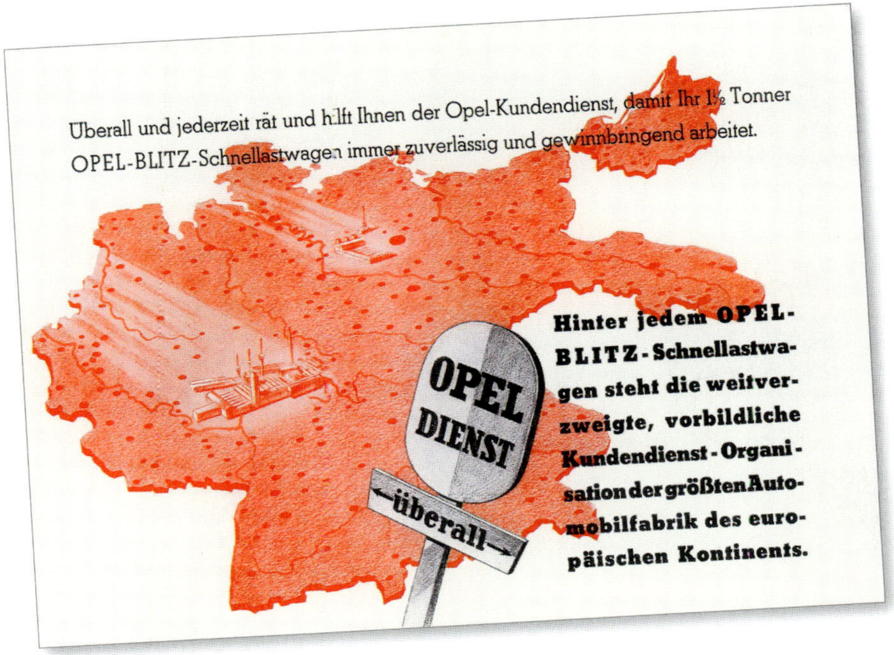

OPEL

ÄNDERUNGS-MITTEILUNG NR. 9/12

FÜR DEN

TEILE-KATALOG

1 to BLITZ

SEPTEMBER – DEZEMBER 1941

ADAM OPEL A. G. RÜSSELSHEIM A. M.

K/0891

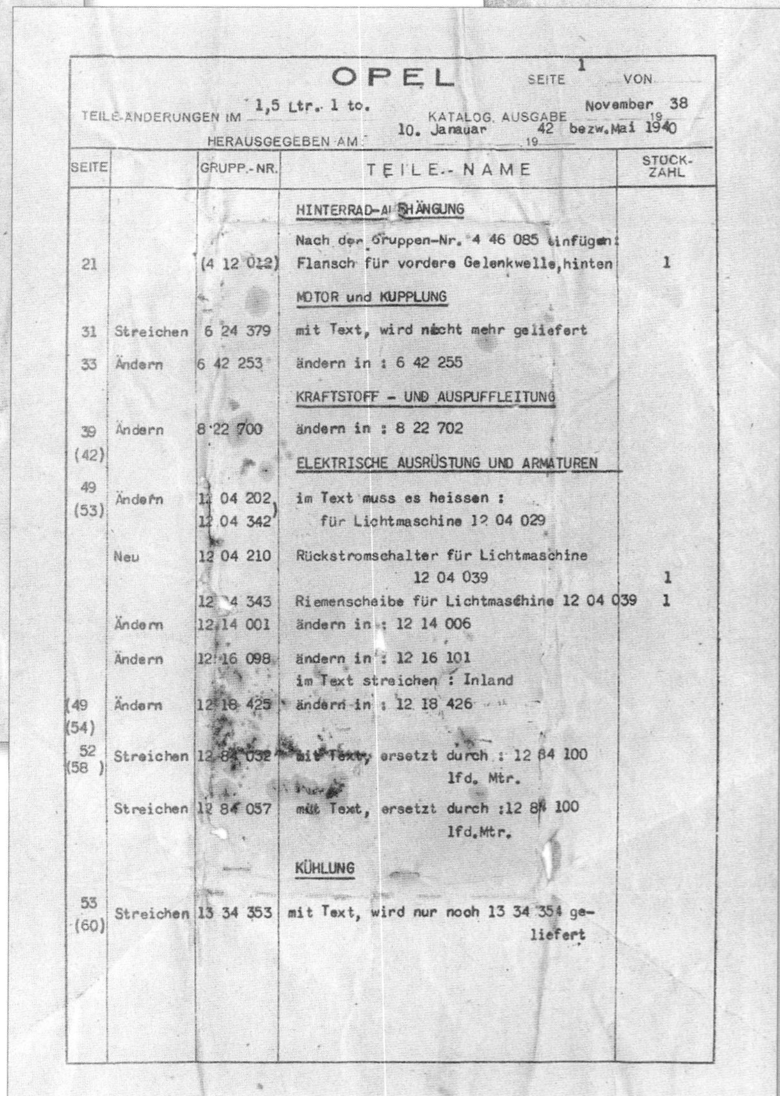

OPEL — SEITE 1 VON

TEILE-ÄNDERUNGEN IM 1,5 Ltr. 1 to. KATALOG. AUSGABE November 38

HERAUSGEGEBEN AM 10. Janauar 42 bezw. Mai 1940

SEITE		GRUPP.-NR.	TEILE-NAME	STÜCK-ZAHL
			HINTERRAD-AUFHÄNGUNG	
			Nach der Gruppen-Nr. 4 46 085 einfügen:	
21		(4 12 012)	Flansch für vordere Gelenkwelle, hinten	1
			MOTOR und KUPPLUNG	
31	Streichen	6 24 379	mit Text, wird nicht mehr geliefert	
33	Ändern	6 42 253	ändern in : 6 42 255	
			KRAFTSTOFF – UND AUSPUFFLEITUNG	
39 (42)	Ändern	8 22 700	ändern in : 8 22 702	
			ELEKTRISCHE AUSRÜSTUNG UND ARMATUREN	
49 (53)	Ändern	12 04 202 12 04 342	im Text muss es heissen : für Lichtmaschine 12 04 029	
	Neu	12 04 210	Rückstromschalter für Lichtmaschine 12 04 039	1
		12 04 343	Riemenscheibe für Lichtmaschine 12 04 039	1
	Ändern	12 14 001	ändern in : 12 14 006	
	Ändern	12 16 098	ändern in : 12 16 101 im Text streichen : Inland	
(49 (54)	Ändern	12 18 425	ändern in : 12 18 426	
52 (58)	Streichen	12 84 032	mit Text, ersetzt durch : 12 84 100 lfd. Mtr.	
	Streichen	12 84 057	mit Text, ersetzt durch :12 84 100 lfd. Mtr.	
			KÜHLUNG	
53 (60)	Streichen	13 34 353	mit Text, wird nur noch 13 34 354 geliefert	

Unterlagen: Archiv Tryller im Original. *(Archiv Tryller)*

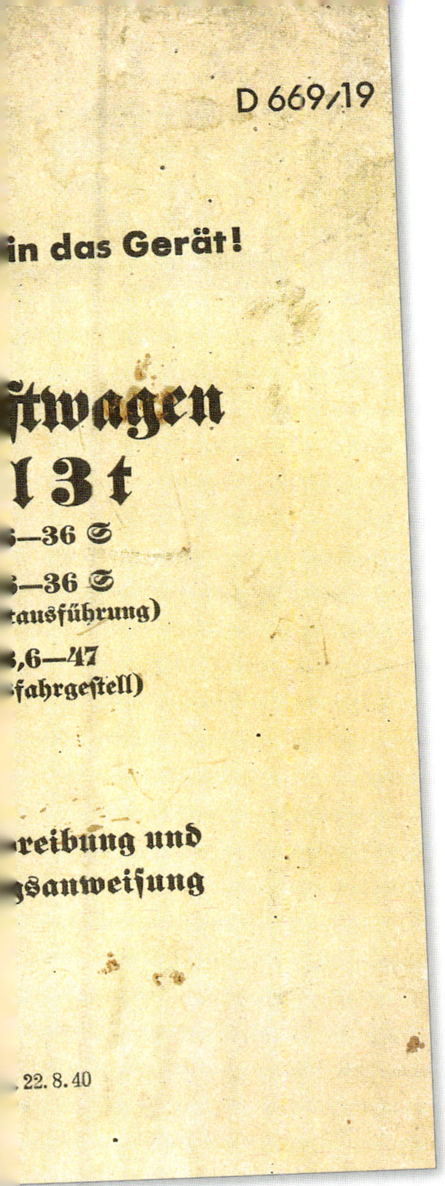

Bedienungsanleitung des Opel 3 t. *(Archiv Tryller)*

Preisliste. *(Archiv Tryller)*

4 DAS WERK BRANDENBURG: DIE HEIMAT DES OPEL BLITZ (1935–1944)

Das neue Opel-Werk in Brandenburg kurz vor der Fertigstellung.

Werk Brandenburg.

Bedingt durch die Auslastung des Stammwerkes in Rüsselsheim reiften bei der Geschäftsleitung von Opel schon längerfristig Überlegungen zum Bau einer weiteren Produktionsstätte heran. Am 1. April 1935 wurde dann der Beschluss zum Bau eines neuen Werkes in Brandenburg an der Havel offiziell verkündet. Bereits zum 1. Oktober 1935 sollten die Baulichkeiten fertig gestellt sein, um rechtzeitig in Rüsselsheim Platz für die neue Modellpalette 1936 zu schaffen. Bereits wenige Tage nach der offiziellen Pressemeldung erfolgte der erste Spatenstich auf dem 850.000 qm großen Areal im Nordwesten der Stadt Brandenburg.

In der Rekordzeit von 190 Tagen wurde Europas modernste Autofabrik im wahrsten Sinne des Wortes aus dem Boden gestampft. Nach siebzig Tagen stand bereits das Stahlskelett der großen Hallen, am 10. August wurde Richtfest gefeiert und am 16. Oktober 1935 war der gesamte Rohbau fertig. Am 18. Oktober

Werk Brandenburg, Haupttor.

1935 rollten bereits die ersten fünfzehn Opel Blitz aus den brandneuen Werkhallen, in denen teilweise die Farbe noch nicht ganz trocken war.
Die Zahlen für Bauleistung und Technik sprechen noch heute für sich: 1.200 Arbeiter verbauten in drei Schichten rund um die Uhr 1,5 Millionen Backsteine, 15.000 Sack Zement, 4 Millionen Kilogramm Stahl und 17.500 Quadratmeter Glas. Der Fabrikationsbereich befand sich komplett in einer einzigen riesigen Halle, von 178 m Länge und 136 m Breite. Im Erdgeschoss waren die Karosseriefertigung und die Lackiererei untergebracht, im Obergeschoss wurden die Motoren, Achsen und Fahrgestelle montiert. Dreizehn Maschinenstraßen, ausgestattet mit

modernstem Gerät, durchzogen in paralleler Anordnung den weiträumigen Hallenbau. Hier entstanden die Kurbel- und Nockenwellen, Zylinderblöcke, Getriebe und Rahmen, Vorder- und Hinterachsen. Sämtliche 1200 Werkzeugmaschinen besaßen einen Einzelantrieb, 27 Transportbänder in einer Gesamtlänge von 5 Kilometern besorgten die vollautomatische Bewegung der Werkstücke. Als erste Autofabrik überhaupt wurde das Werk Brandenburg von vornherein hundertprozentig auf Fließbandproduktion eingestellt. Selbst die Härterei und der Galvanisierbetrieb waren in den Bandprozess mit einbezogen.

Ein eigenes Kraftwerk lieferte mit einer 4.000-kW-Dampfturbine die nötige Ener-

Tagesproduktion im Opel-Werk. Das Foto aus dem Jahr 1936 zeigt im Vordergrund Eintonner-Fahrgestelle für die Kraftzugspritzen KzS 8 (Einsatz im Luftschutz). Dahinter sind Zweitonner-Fahrgestelle erkennbar.

Blick in die Fertigungshalle 1936.

Jubiläum: Im Juli 1937 wird der 25 000ste Opel Blitz im Brandenburger Werk gefeiert. *(Foto: Archiv Tryller)*

OPEL der Zuverlässige OPEL
OPEL
SEIT 1. JANUAR 1936 DER
25.000. Blitz-Schnellastwagen
VON OPEL BRANDENBURG
SEIT 1. JANUAR 1936 DER
25.000. Blitz-Schnellastwagen
VON OPEL BRANDENBURG

Das Jubiläums-Fahrzeug vor der Hauptverwaltung.

gie. Bei Volllast wurden rund 140 Zentner Kohle pro Stunde verfeuert. Neben einem Anschlussgleis war auch ein eigener Hafen vorhanden. Die Kosten für die Erstellung des neuen Werkes bezifferte man mit 14 Millionen Reichsmark.

Die Aufnahme der Fertigung erfolgte mit 680 Beschäftigten. In einer achtstündigen Schicht rollten zunächst 50 Lastwagen vom Band. Um das gesetzte Plansoll von 150 Fahrzeugen pro Tag zu erreichen, erfolgte eine rasche Aufstockung der Belegschaft. Schon 1936 waren in Brandenburg 1.423 Menschen mit dem Zusammenbau der Opel-Lkw beschäftigt. Angestrebt wurde letztlich ein jährlicher Ausstoß von rund 20.000 Fahrzeugen. Generell ging man von einer Fertigungskapazität von etwa 25.000 Nutzfahrzeugen für beide Opel-Werke aus.

Dieser Zahl kam man bereits 1936 mit dem Bau von 21.756 Fahrzeugen sehr nahe und überschritt die Kapazitätsgrenze 1939 mit 27.936 Einheiten um rund 10 Prozent. Opels Marktanteil von über 35 Prozent in der Dreitonner-Klasse konnte keiner der Mitbewerber erreichen. Der Blitz war vor dem Zweiten Weltkrieg zweifellos das erfolgreichste Fahrzeug seiner Kategorie auf dem deutschen Markt.

Nach Kriegsausbruch wurde in Brandenburg fast ausschließlich für die Wehrmacht produziert. Betriebsleiter des hochmodernen Werkes war ab 1942 Dipl.-Ing. Heinrich Nordhoff (1899–1968), also der Mann, der später das VW-Werk

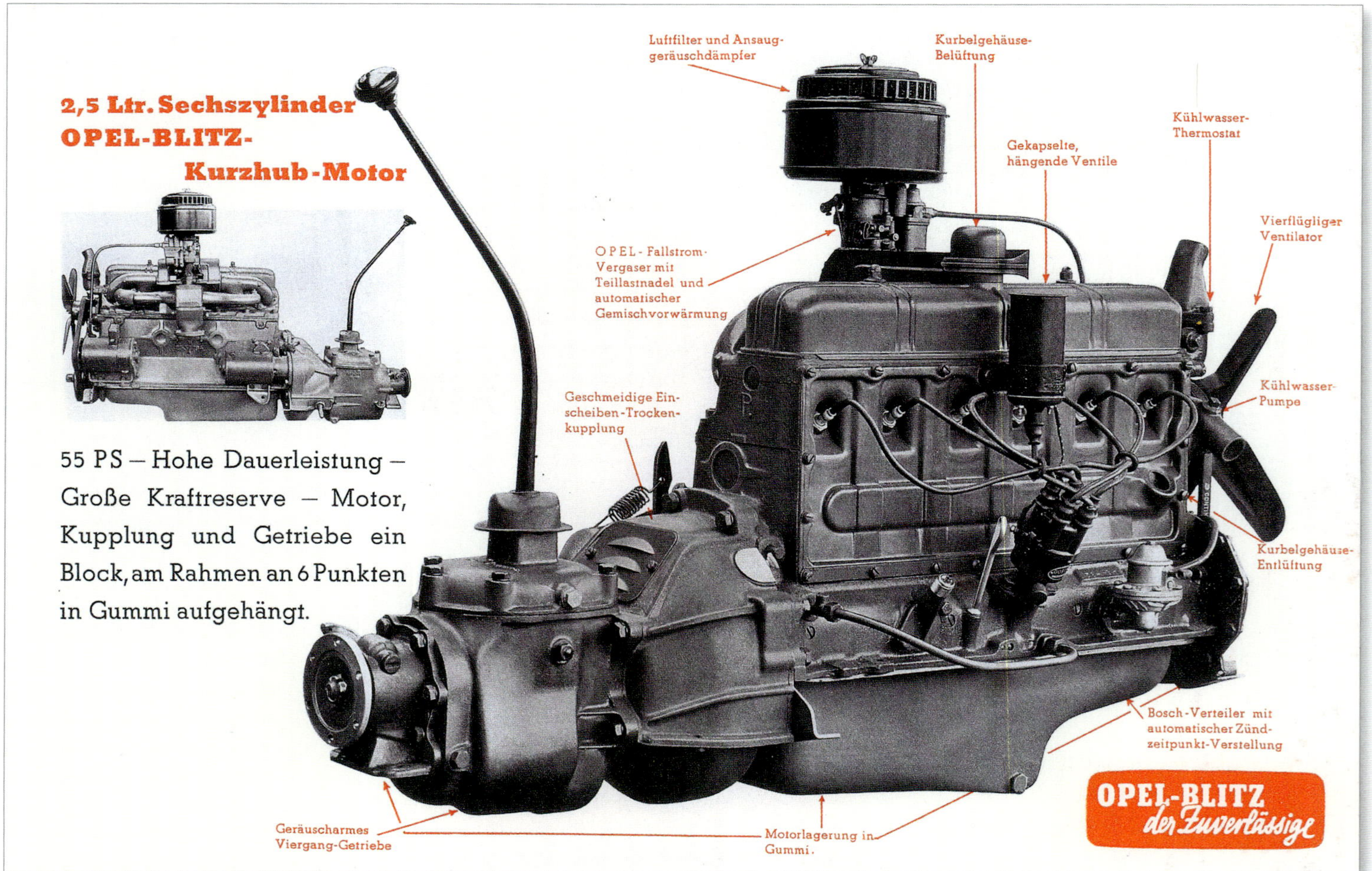

(Archiv Tryller)

(Archiv Tryller)

in Wolfsburg leitete und den legendären »Käfer« weltweit zum Volkswagen machte. Im Jahre 1943, auf dem Höhepunkt der Lkw-Produktion, arbeiteten 4.286 Personen bei Opel in Brandenburg. Der erreichte Ausstoß an Dreitonnern betrug 23.232 Einheiten.

Als Rüstungsbetrieb ersten Grades stand das Werk an der Havel natürlich auf der Zielliste der alliierten Bomberverbände. Doch erst relativ spät, am 6. August 1944, legte ein verheerender Luftangriff die Fabrik in Schutt und Asche – und obwohl man es schaffte die Anlagen in den folgenden Monaten wieder betriebsbereit zu machen, kam es vor Kriegsende nicht mehr zur Wiederaufnahme der Fertigung. Nach der Kapitulation, im Mai 1945, wurden die Produktionsanlagen komplett demontiert und gingen als Reparationsleistungen in die Sowjetunion. Dort wieder aufgebaut wurden sie allerdings nicht mehr.

5

STARK IM GELÄNDE: DER ALLRAD-BLITZ

Zwei Jahre Restaurationsarbeit: Ein von Rolf-B. Tryller originalgetreu wieder hergerichteter Allrad-Blitz.
Es handelt sich dabei um ein Tanklöschfahrzeug der Luftwaffe aus dem Jahre 1944. *(Foto: Rolf-B. Tryller)*

Schmuckes Sammlerstück, der »Wirtschaftswunder«-Allrad 3 to aus Kriegsproduktion. *(Foto: Archiv Tryller)*

Die ausgezeichneten Erfahrungen der Wehrmacht mit dem handelsüblichen Dreitonner veranlasste bereits im Jahre 1938 den Generalbevollmächtigten für das Kraftfahrwesen, Generalmajor Schell, bei Opel einen allradgetriebenen Blitz anzuregen. Die militärische Vorgabe: »Bei geringstem Eigengewicht und größter Robustheit eine optimale Geländegängigkeit und breite Verwendungsmöglichkeit schaffen.«
Die sofort eingeleitete Entwicklung führte zum »3-Tonner, Allrad«, der im Vergleich zum hinterradgetriebenen Standardmodell statt 34 Prozent durch die Allrad-Traktion 70 Prozent Steigung mit voller Nutzlast erklimmen konnte.
Der Radstand von 3450 mm wurde gegenüber dem S-Typ um 150 mm verringert. Dadurch rückte die Vorderachse näher an das Führerhaus. Der Allrad-Blitz erhielt dadurch auch sein bulliges Aussehen. Weitere Unterscheidungsmerkmale waren die abgeschrägte Türecke und die über den Kotflügeln gerade verlaufende Motorhaubenkante. Die technischen Veränderungen beliefen sich auf

ein zusätzliches Verteilergetriebe und die vordere Antriebsachse mit Differenzial. Das Verteilergetriebe konnte durch einen extra Schalthebel für den Geländegang mit einer einzigen Schaltbewegung ein- bzw. ausgeschaltet werden. Das trug wesentlich zur Wendigkeit des Fahrzeugs bei.

Da der Geländeantrieb im Verteilergetriebe untersetzt wird, sind die fünf Gänge des serienmäßigen Hauptgetriebes nochmals untersetzt. Somit standen zehn Vorwärts- und zwei Rückwärtsgänge zur Verfügung. Die Fertigung des Allrad-Blitz begann schon 1940. Offiziell vorgestellt wurde das Fahrzeug jedoch erstmals auf der Wiener Frühjahrsmesse 1941. Die knapp 25.000 gebauten Exemplare erreichte kein anderer allradgetriebener Lkw der Wehrmacht, dennoch reichte diese Stückzahl nicht zur Deckung des Bedarfes. Die Rohstoffknappheit wirkte sich beim »A« besonders im Bereich Zwischengetriebe und Vorderachse aus. Man konnte den motorisierten Regimentern höchstens fünf der begehrten Fahrzeuge zuordnen und legte im Jahr 1943 fest, dass künftig nur noch Feldküchen, Sanitäts-Kfz und Funkwagen mit dem Allrad-Fahrgestell ausgestattet werden sollten.

OPEL BLITZ 3 TO »TYP A« der Lastwagen für schwieriges Gelände.

Unsere Zeit stellt die größten und strengsten Forderungen an den Lastwagen. Sie verlangt von ihm neben der Wirtschaftlichkeit und Zuverlässigkeit bei scharfer Beanspruchung die volle Einsatzmöglichkeit im Gelände. Mit dem Opel Blitz 3 to Typ A erhält die Kraftfahrt ein neues Nutzfahrzeug. Als allradangetriebener Geländelastwagen ist der Typ A der Lastwagen, der mit voller Nutzlast auch das unwegsame Gelände meistert.

Der wahlweise einzuschaltende Allradantrieb ermöglicht die Ausnutzung des gesamten Adhäsionsgewichts des Fahrzeugs. Vorder- und Hinterachse sind bei eingeschaltetem Allradantrieb starr verbunden.

Durch die Untersetzung im Verteilergetriebe ergeben sich in Verbindung mit dem Fünfgang-Getriebe insgesamt 10 Vorwärts- und 2 Rückwärtsgänge. Diese Schaltstufen ermöglichen immer die Auswahl des für das Gelände günstigsten Übersetzungsverhältnisses. Steile Bergstraßen und schwieriges Gelände werden zuverlässig befahren. Die Kletterfähigkeit des allradangetriebenen Geländelastwagens wird deutlich beim Durch-

fahren von Gräben. Der kurze Radstand und die große Bodenfreiheit lassen das allradangetriebene Fahrzeug selbst größere Hindernisse überwinden. Seine Watfähigkeit gestattet auch das Durchfahren von flachen Gewässern.

Das Fahrgestell läßt sich für alle Arten von Spezialaufbauten verwenden. Für jedes Transportgut ist so die Wahl des zweckgerechten Aufbaues möglich.

Steigfähigkeit des Opel Blitz Schnellastwagens 3 To „Typ A"

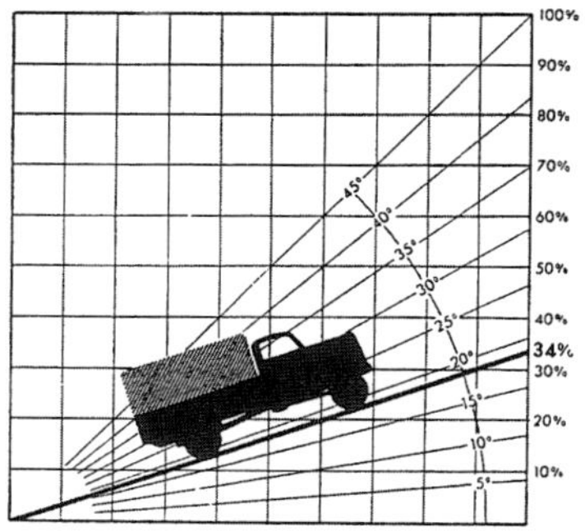

Im Straßengang (Hinterradantrieb) ca. 34 %

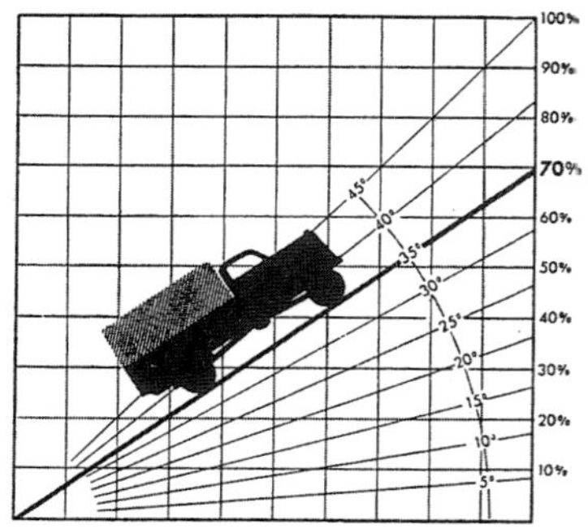

Im Geländegang (Allradantrieb) ca. 70 %

Auszug aus einem Opel-Prospekt des Jahres 1941

Die Motorleistung wird von der Kupplung über das Fünfgang-Getriebe und eine Gelenkwelle auf das in Gummi am Rahmen aufgehängte Verteilergetriebe übertragen. Von ihm aus werden ohne Differenzial durch je eine nadelgelagerte Gelenkwelle Vorder- und Hinterachse angetrieben. Es wird durch einen besonderen Handhebel geschaltet. Bei eingeschaltetem Normalgang wird die Vorderachse nicht angetrieben und die bei ihrer Verwendung beanspruchte Kraft gespart. Der beim Typ S bewährte Rahmen mit kastenförmigen, elektrisch eingeschweißten Querträgern wird auch beim Typ A verwendet. Die beiden ersten Querträger, die den Motor tragen, sind angenietet. Hinter dem 3. Querträger liegt der an den Längsträgern angeschweißte Z-Hilfsquerträger für das Verteilergetriebe. Der zur Aufnahme einer Anhängerkupplung gelochte Schlussquerträger ist angeschraubt.

Modell/Typ/Baureihe	Blitz-Lkw 3 to, Typ 3,6-6700 A (Allrad)
Bauzeit	1940–1944
Stückzahl	24.981
Motor	6-Zylinder (Reihe) Ottomotor
Leistung: PS, U/min	68, 3000
Bohrung x Hub: mm	90 x 95
Hubraum: cm³	3626
Getriebe	5-Gang (Zahnschubrad) plus Verteilergetriebe
L x B x H: mm	6000 x 2265 x 2825
Radstand: mm	3450
Räder (Bauart)	Stahlscheibenräder (Flachbettfelge)
Leergewicht: kg	2640
Zulässiges Gesamtgewicht: kg	6100 (Gelände: 5700)
Tankinhalt: l	92 (Verbrauch Straße: 30, Gelände 40 l auf 100 km)
Höchstgeschwindigkeit: km/h	80
Grundpreis	k. A.

Das Fahrgestell des Allrad-Blitz Typ 3.6 - 6700 A.

6

SONDERTYPEN AUF BLITZ-BASIS

Erprobungsfahrt: Opel »Maultier« mit Carden-Lloyd-Halbkettenlaufwerk. *(Foto: Sammlung H. Hoppe)*

»Maultier« mit dem von Opel entwickelten Kettenlaufwerk.

Das Sd.Kfz. 3a »Maultier« 3,6-36S/SSM)

Die schlechten Wegverhältnisse, insbesondere an der Ostfront, führten ab Herbst 1942 zur Entwicklung des Gleisketten-Lkw »Maultier«. Auf der Basis des Standardlasters Opel Typ 3,6-36 S entstand nach militärischen Vorgaben ein Halbkettenfahrzeug in der 2-Tonnenklasse. An die Stelle der Hinterachse trat ein Kettenlaufwerk, das von Technikern der Waffen-SS aus dem britischen Carden-Lloyd-Laufwerk (vier Laufrollen, zwei Stützrollen, vorne Starrachsen) entwickelt worden war.

Interessant hierbei ist, dass Opel für das »Maultier« eine eigene Konstruktion entwickelt hatte, die eine bessere Selbstreinigung aufwies und sich auch einfacher warten ließ. Opel baute sein Gleiskettenlaufwerk in einen separaten Rahmen ein, der lediglich an den normalen Hinterachsfedern des Blitz 3 to S angeschraubt wurde. Vorne stützte sich der Rahmen mittels zweier Blattfedern an der ersten Quertraverse des Fahrgestelles ab. So war es möglich im Prinzip jeden Blitz in ein »Maultier« umzuwandeln. Die Entscheidung fiel letztlich zugunsten der von der Waffen-SS vorgeschlagenen Konstruktion, die auch bei den baugleichen Konkurrenzmodellen von Ford und Magirus zum Einbau kamen. Etwa 4.000 Opel »Maultiere« liefen zwischen 1942 und 1944 von den Bändern.

Panzerwerfer 42 (Sd.Kfz. 4/1)

Der »Panzerwerfer 42«, nach seinem Erfinder auch »Nebelwerfer« genannt, war ein der russischen »Stalinorgel« ähnliches Salvengeschütz, das ursprünglich auf einem Einachsanhänger montiert war und von einer Dreitonner-Zugmaschine geschleppt wurde.
Der deutsche Werfer war dem sowjetischen Gegenstück überlegen, hatte jedoch seine Achillesferse in der enormen Rauchentwicklung beim Abfeuern der Raketen, in Verbindung mit dem schwerfälligen Stellungswechsel. Während der russische Gegner seine Werfer auf 3-Achs-Lkw montierte, die ein sofortiges Verlassen der Feuerstellung erlaubten, dauerte das beim »Nebelwerfer« wesentlich länger, was eine extreme Gefahr für die Bedienungsmannschaft darstellte. Um diesen Nachteil auszugleichen, wurde eine Anzahl der Werfer auf leicht überpanzerte »Maultier«-Fahrgestelle montiert. Die Bewaffnung bestand in der Regel aus zehn Werferrohren 15 cm (»Zehnling«) und einem MG 42 als Defensivbewaffnung. Diese Fahrzeuge zeichneten sich zwar durch recht gute Geländetauglichkeit aus, waren aber überlastet. Knapp 300 Sd.Kfz 4/1 wurden 1943/44 gebaut.

Panzerwerfer 42 in der Seitenansicht. *(Foto: Sammlung H. Hoppe)*

Das Sd. Kfz. 4/1 in der Ansicht schräg von vorne. Gut erkennbar die Laufwerkkonstruktion des Halbkettenfahrgestells. *(Foto: Sammlung H. Hoppe)*

L 701: Der Daimler Blitz

Bereits im Jahre 1938 hatte Daimler-Benz-Generaldirektor Wilhelm Kissel einen Dreitonner gefordert, der an Gewicht ebenso leicht sein müsse wie der Opel Blitz und auch im Preis ebenbürtig. Diese Forderung fand zunächst kein Gehör, rächte sich aber wenige Jahre später. Im Jahre 1942 ordnete der damalige Rüstungsminister Albert Speer aufgrund der positiven Erfahrungen mit dem Opel Blitz an, dass zukünftig Borgward und Daimler-Benz diesen Dreitonner bauen müssten, unter Aufgabe der Produktion eigener Modelle. Bei Borgward in Bremen kam die Lizenzfertigung nicht zur Ausführung, Daimler-Benz musste sich jedoch zähneknirschend beugen und die Montagebänder auf den Konkurrenz-Lkw von Opel umrüsten.

Das Murren der Direktion nutzte nichts, einzig die Leistungsdaten zählten. So war der Mercedes Dreitonner L 3000 (Diesel) in seiner Gesamtheit zu schwer, zu behäbig und zu teuer. Er kam bei 6,7 Tonnen Gesamtgewicht auf eine Nutzlast von 3,1 Tonnen. Der Blitz verfügte über eine Nutzlast von 3,3 Tonnen bei einem Gesamtgewicht von 5,8 Tonnen. Unterm Strich ließen sich für das sogenannte Kontingentgewicht von zwei MB L 3000 drei Opel Blitz fertigen.

Bei Daimler-Benz war die Verärgerung groß, gleichzeitig aber befürchtete man die Lkw-Fertigung ganz zu verlieren. Der Umbau des Werkes in Mannheim stellte Mercedes vor eine weitere Herausforderung, denn die Produktionsumstellung

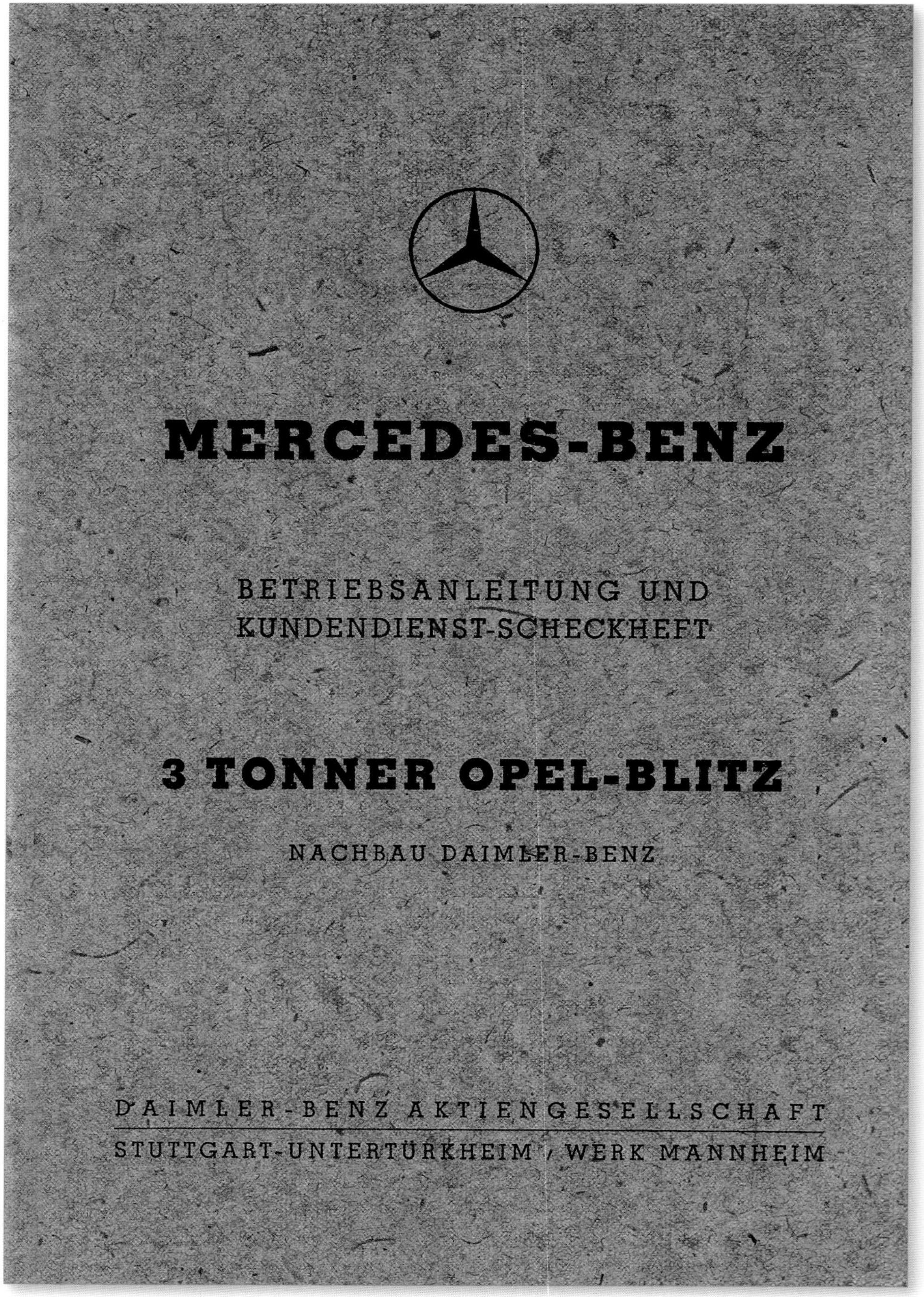

Betriebsanleitung für den Blitz-Nachbau bei Daimler-Benz. *(Foto: © Daimler AG)*

musste ja in einer voll eingerichteten Fabrik vorgenommen werden. Im August 1944 wurde die Blitz-Produktion in Mannheim aufgenommen. Er trug kein Marken-Emblem am Kühler und war mit dem eckigen Einheitsfahrerhaus aus Holzfaserplatten ausgestattet. Das knappe Material ließ keine Stahlkabine mehr zu. Bis zur Besetzung des Werkes durch US-Truppen am 11. April 1945 verließen lediglich 3500 Fahrzeuge die Montagebänder.

Bereits kurz nach Kriegsende wurde aber die Produktion wieder aufgenommen und ab 1948 bekam der L 701 auch das ursprüngliche Stahlfahrerhaus – von Opel zugeliefert. Insgesamt verließen 10.300 Einheiten die Mannheimer Werkshallen. Der letzte L 701 lief am 10. Juni 1949 vom Band.

Opel beanspruchte bei Wiederaufnahme der Produktion, im Juni 1945, die Hälfte der hergestellten L 701 zum Verkauf durch die eigenen Händler und übernahm 1949 sämtliche unverkauften Fahrzeuge und den Rest an Teilen und Halbfabrikaten von Daimler-Benz. Bis 1954 wurden dann bei Opel noch einmal 467 Dreitonner hergestellt, überwiegend als Omnibus-Fahrgestelle mit langem Radstand. In betont freundlichen Briefen bedankten sich zum Abschluss der Kooperation die Generaldirektoren der beiden Firmen für die angenehme und verständnisvolle Zusammenarbeit.

Abgespeckt bis auf das Nötigste: Der bei Daimler-Benz gebaute Blitz L 701 aus der letzten Kriegsphase. *(Foto: © Daimler AG)*

Blitz-Fahrgestell mit dem zum Serienbau vorgesehenen Motor aus dem Opel Admiral. *(Foto: © Daimler AG)*

Ab August 1944 rollte der Blitz als Mercedes Typ L 701 in Mannheim vom Band. *(Foto: © Daimler AG)*

Der letzte »Daimler-Blitz« verließ am 10. Juni 1949 die Fertigungshalle. *(Foto: © Daimler AG)*

7 AN ALLEN FRONTEN: DER BLITZ IM ZWEITEN WELTKRIEG

(Foto: Sammlung H. Hoppe)

Aufgrund seiner robusten Bauweise, der einfachen Wartung und seinen guten Fahreigenschaften zeichnete sich der Blitz als zuverlässiges Arbeitstier im militärischen Einsatz aus und war bei seinen Fahrern ausgesprochen beliebt. Das geringe Eigengewicht verhalf selbst dem Dreitonner »S«, der ja zwillingsbereifte Hinterräder und keinen Allradantrieb hatte, zu einer erstaunlichen Geländegängigkeit.

Ob auf glühendheißen Sandpisten in Nordafrika, verschlammten Rollbahnen in Russland oder im »Eiskeller der Ostfront«: Der Blitz kam durch – meistens jedenfalls! Eine Feststellung, die sich jedenfalls im Vergleich zu fast allen Konkurrenzmustern so vertreten lässt, obwohl natürlich auch die Opel-Lkw nicht nur den Geländeverhältnissen, sondern insbesondere dem im Verlauf des Krieges zunehmenden Wartungsmangel und den damit verbundenen Verschleißerscheinungen Tribut zollen mussten.

Die »Blitz«-Laster waren bei der Wehrmacht nicht nur wegen ihrer robusten Technik gefragt. Das Opel-Baukastenprinzip mit typübergreifenden Austauschteilen war ein weiterer wichtiger Grund, sich möglichst um einen einheitlichen Fuhrpark zu bemühen, was allerdings häufig nicht gelang. In den ersten Kriegsjahren lief die Ersatzteilversorgung ab

Das Militär war von der Geländetauglichkeit des Opel Blitz begeistert. *(Foto: © Daimler AG)*

Eintonner Opel Blitz Pritschenwagen. *(Foto: Sammlung H. Hoppe)*

Werk weitgehend reibungslos. Fehlte dann doch mal ein Teil, so half man sich auch schon mal auf dem »Obergefreiten-dienstweg« und benutzte eine Flasche »Hochprozentiges« als »Schmiermittel«. Von anderen Fabrikaten wurde berichtet, dass pfiffige Schirrmeister die Heimaturlauber der betroffenen Einheiten in die Ersatzteilbeschaffung einspannten. Beim »Blitz« traten echte Engpässe eigentlich nur bei den allerdings unverzichtbaren Kühlern auf. Im weiteren Verlauf des Krieges war das Ausschlachten von defekten Fahrzeugen eine Lebensnotwendigkeit, um den Fuhrpark mobil zu halten. Hier bewährten sich dann in immer stärkerem Maße die Opel-Austauschteile.

Tarnung gegen Fliegersicht: Dreitonner Opel Blitz Pritsche in Nordafrika. *(Foto: Sammlung H. Hoppe)*

Opel Blitz mit Minenschaden in Nordafrika. *(Foto: Sammlung H. Hoppe)*

tonner Opel Blitz auf staubiger Piste. *(Foto: Sammlung H. Hoppe)*

Ein Allrad-Blitz (3 to A) mit Kofferaufbau. *(Foto: Sammlung H. Hoppe)*

Opel Blitz Dreitonner S: Eine Funkstelle in der Ukraine. Zur Entlastung der Federung wurden Steine unter das Fahrzeug gebaut. Die Strohmatte auf der Motorhaube ist gleichzeitig Tarnung und Kälteschutz. *(Foto: Sammlung H. Hoppe)*

Derartige Schlammschlachten auf Russlands Rollbahnen führten zur Entwicklung des Opel »Maultier« Halbkettenfahrzeugs. *(Foto: Sammlung H. Hoppe)*

2,5-Tonner Blitz im russischen Schlamm: Hier gab es für Radfahrzeuge ohne Allradantrieb kein Durchkommen. Hilfe brachte in diesem Fall eine Halbkettenzugmaschine. *(Foto: Sammlung H. Hoppe)*

Opel Blitz auf Abwegen im russischen Winter. Beachtenswert auch das umgestürzte Fahrzeug. *(Foto: Sammlung H. Hoppe)*

Bei der Reparatur: Die »schwarzen Männer« der Instandsetzungseinheiten waren an allen Fronten im ständigen Dauereinsatz. *(Foto: Sammlung H. Hoppe)*

Auch ein Blitz sprang in der eisigen Kälte nicht immer an: Ein Dreitonner im russischen Winter. *(Foto: Sammlung H. Hoppe)*

Stunde Null: Bei Kriegsende waren die meisten Blitze Wracks. *(Foto: Sammlung H. Hoppe)*

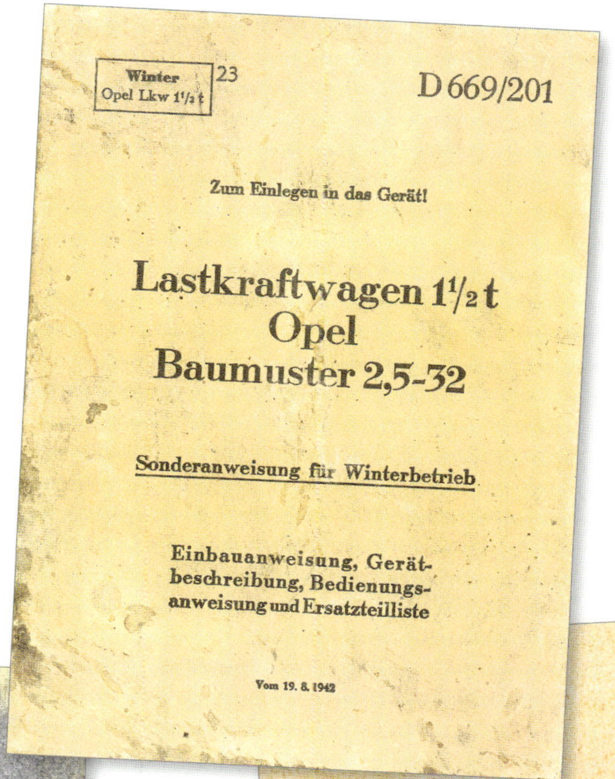

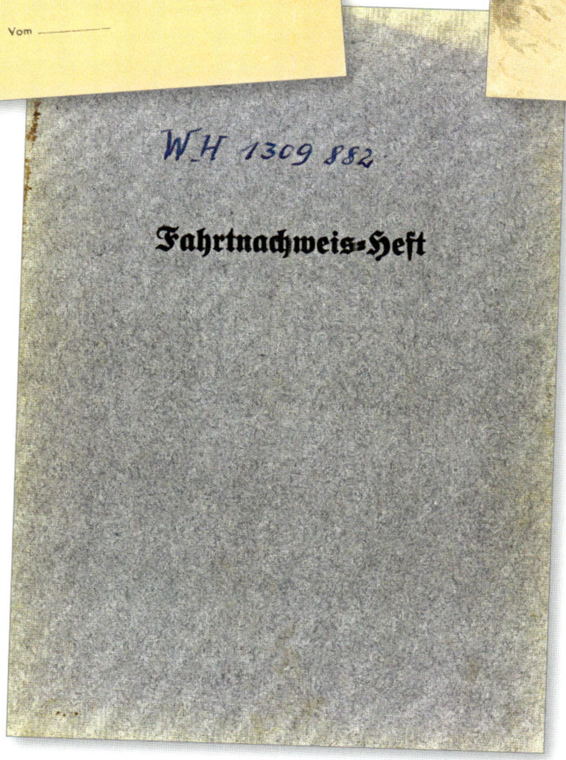

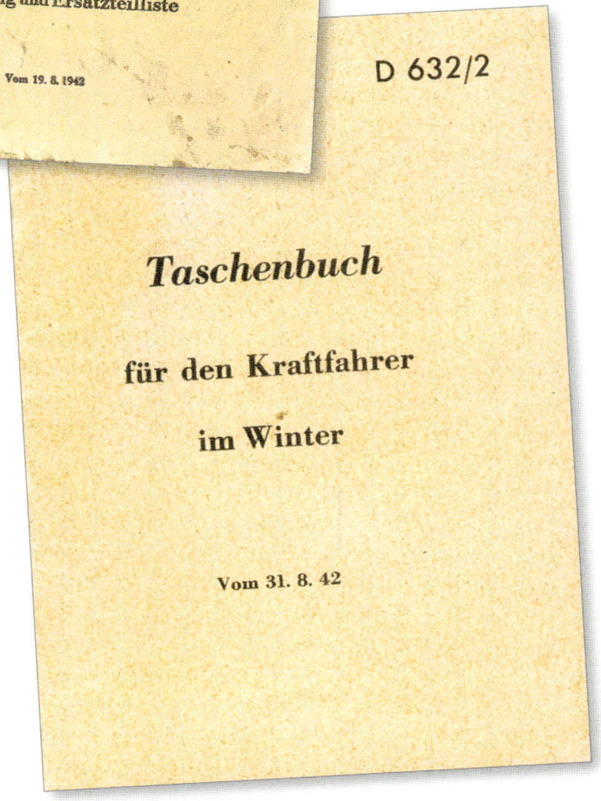

(Unterlagen: Archiv Tryller)

8

NEUANFANG UND »WIRTSCHAFTSWUNDER-BLITZ«

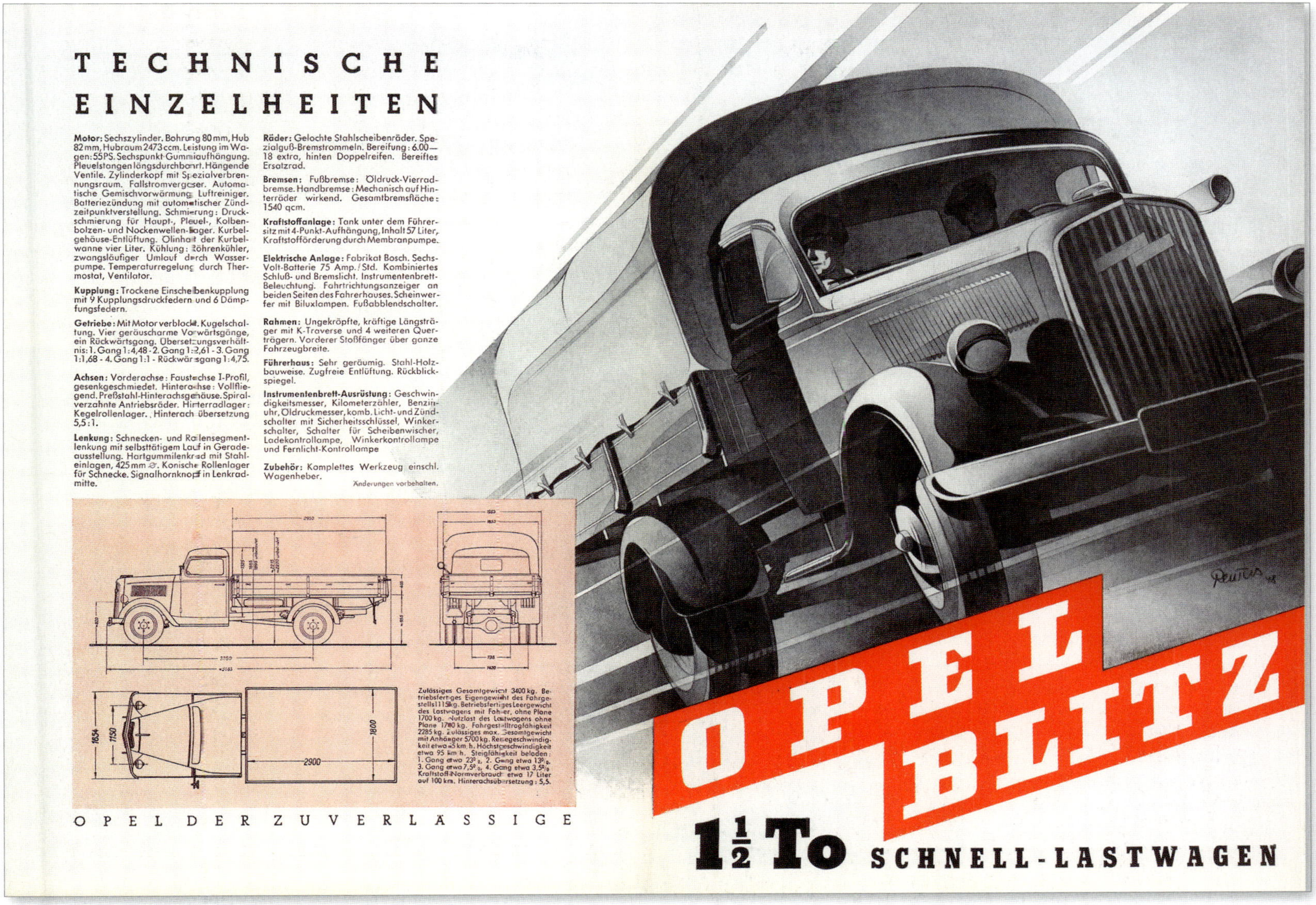

Es geht wieder aufwärts: Werbung für den 1,5-Tonner, 1948.

Nach der Kapitulation, im Mai 1945, wurden in Brandenburg sämtliche Produktionsanlagen demontiert und als Reparationsleistung, genau wie die noch eingelagerten Rohstoffe, in die Sowjetunion gebracht. Nichts blieb zurück, selbst sanitäre Anlagen wurden demontiert und sogar in Rüsselsheim, in der amerikanischen Besatzungszone, durften sich die Sowjets aufgrund alliierter Abmachungen bedienen. Auch die Vertreter von General Motors standen dem machtlos gegenüber – der Beginn der Stunde Null …

Ein erster Lichtblick zeichnete sich im Sommer 1945 ab, als es Daimler-Benz in Mannheim erlaubt wurde, die Produktion des Blitz-Dreitonners (L 701) wieder auf-

Der perfekt restaurierte 1,5-Tonner von Harald Brem. *(Foto: Harald Brem)*

zunehmen. Die technische Betreuung des Lizenz-Lasters übertrug man den Opel-Werkstätten. Zudem fungierte Opel als Zulieferer u. a. von Führerhäusern. 10.300 Exemplare dieses spartanisch ausgestatteten und der letzten Kriegsphase entsprechenden Typs rollten dann bis 1949 noch von den Bändern.

Nach erheblichen Schwierigkeiten, in Verbindung mit Rohstoffengpässen, gelang es Opel letztlich eine Genehmigung zur Aufnahme der eigenen Produktion zu bekommen. Der 15. Juli 1946 dokumentiert den Neustart: In Rüsselsheim läuft im Beisein amerikanischer Offiziere das erste Fahrzeug vom Band, ein 1,5-Tonner Blitz mit dem Motor des Pkw-Typs »Kapitän«.

Werkzeuge für Fahrgestell, Getriebe, Achsen, Karosserie und Pritsche mussten zuvor von vorhandenen Fahrzeugen kopiert werden, da sämtliche diesbezüglichen Unterlagen und technische Einrichtungen nur in Brandenburg existierten und somit für Opel in Rüsselsheim verloren waren.

6.600 Mark musste ein Wiesbadener Unternehmer für dieses Fahrzeug bezahlen. Gegenüber der früheren Ausführung wurde beim »Nachkriegs-Blitz« das Gesamtgewicht um 200 auf 3.400 Kilogramm erhöht. Die Nutzlast stieg somit auf 1.725 Kilogramm. Die hölzerne Pritsche ohne Plane, das Ganzstahl-Fahrerhaus, das Fahrwerk mit Blattfedern und Zwillingsbereifung an der Hinterachse entsprachen dem Vorkriegsstandard. Unter der Haube arbeitete der aus dem Pkw-Typ »Kapitän« bekannte ohv-Sechszylindermotor (2,5 Liter), der nun 55 PS leistete. Insgesamt konnten im Jahre 1946 schon wieder 839 (echte) Opel Blitz vom Band

Dieser Blitz war mal ein Feuerwehrwagen. Der Polizei-Motorsport-Club Marburg erwarb 1992 dieses ehemalige Blitz-Feuerwehrfahrzeug vom Typ 1,75-330 und rekonstruierte daraus in über 600 Arbeitsstunden einen Polizei-Einsatzwagen, wie er als Mannschaftstransporter und Gerätekraftwagen typisch für die 1950er und 1960er Jahre gewesen ist. *(Foto: Polizei-Motorsport-Club Marburg)*

laufen. Als Antrieb kamen von Werksseite Benzinmotoren und Holzgasgeneratoren zum Einbau. Es bestand aber bald auch die Möglichkeit auf Dieselmotoren der Firmen Kämper und Selve umzurüsten, was den Blitz wirtschaftlicher machte. Die Fahrerhäuser wurden in Holz-Stahl-Bauweise ausgeführt.
Rüsselsheim, wo auch seine Wiege stand, war wieder zur Heimat des heute legendären Typs geworden – und sie blieb es noch knapp neunundzwanzig Jahre lang, bis zur Einstellung der Produktion im Jahre 1975.
Auch die Schulung der Kundendienstmitarbeiter wurde neu belebt. War es 1947 ein Ausbilder, der zweitägige »Notkurse« abhielt, konnte die Kundendienstschule schon fünf Jahre später ihren 50.000sten Teilnehmer begrüßen. Die Einrichtung in Rüsselsheim wuchs auf 19 Lehrsäle, zwei Karosserieschulen und eine Lackierschule an. Im Jahre 1966 kam im Werk Bochum eine weitere Schule hinzu. Die Tradition der »Wanderschule« wurde allerdings erst viel später, im Jahre 1971, mit der »Rollenden Kundendienstschule« wieder aufgenommen, selbstverständlich auch wieder auf der Basis von Blitz-Lkw. Die Produktionszahlen stiegen in den Fol-

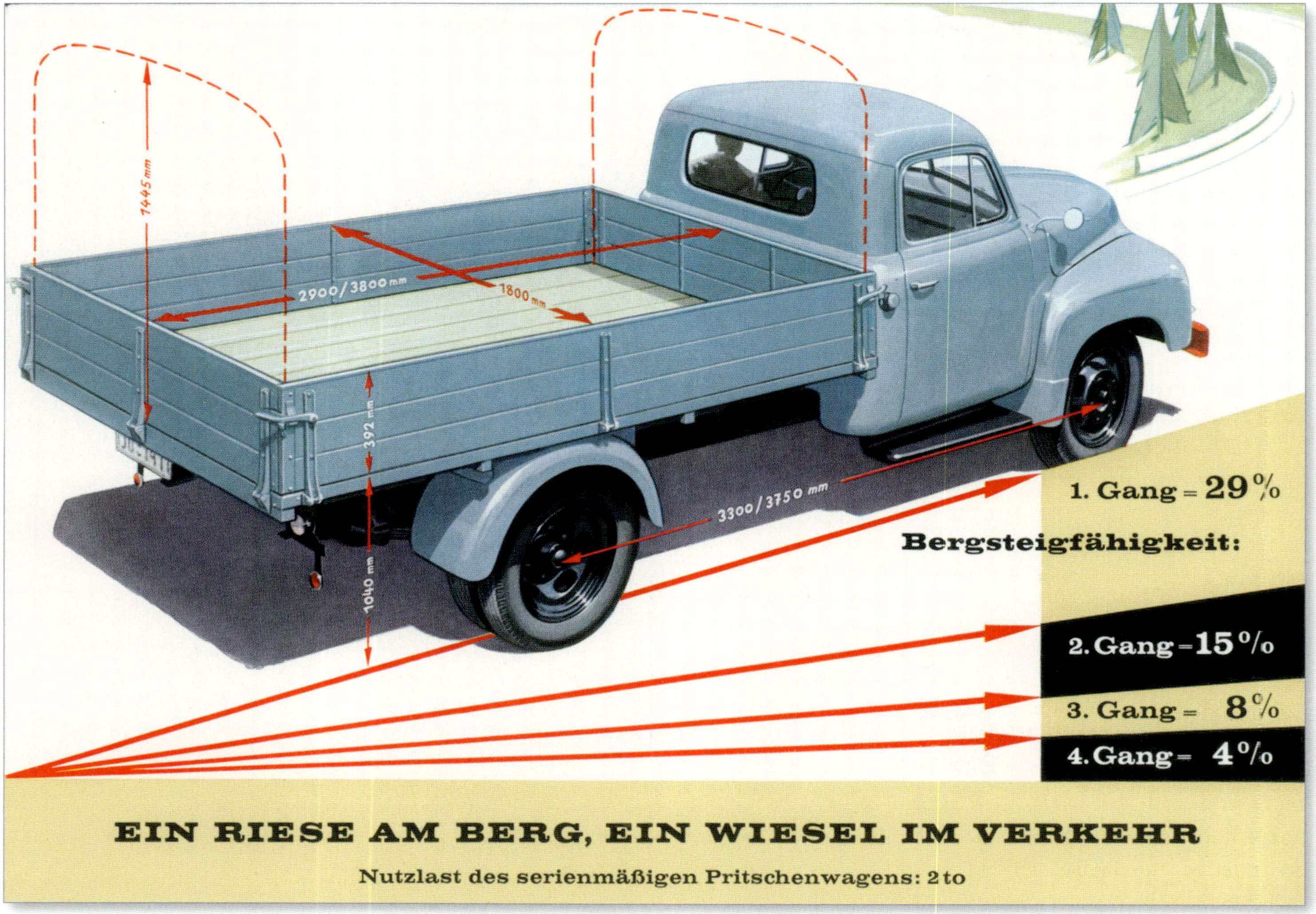

gejahren rasant an. 1947 waren es 3.219 Fahrzeuge, ein Jahr später bereits 7.063 und 1949, im Geburtsjahr der neuen Bundesrepublik Deutschland, liefen 11.574 Opel 1,5-Tonner von den Bändern. Bis 1951 wurde dieser Typ 37.000 Mal gebaut.

Am 1. November 1948 übernahm General Motors offiziell wieder die Kontrolle über das Werk in Rüsselsheim und bald konnte auch hier wieder der große Bruder des kleinen Blitz, der 3-Tonner, von den Fertigungsbändern rollen. Parallel lief dazu noch die Fertigung des »Mercedes Lizenz-Blitzes« (Typ L 701). Die bei Mercedes in Mannheim noch vorhandenen Produktionsmaterialien und Teilesätze wurden von Opel im Winter 1949/50 übernommen und ab April 1950 liefen monatlich auch wieder rund zwölf Niederrahmenfahrgestelle von den Montagebändern im Rüsselsheimer Werk. Zwischen 1950 und 1954 betrug die Fertigung dieser Fahrzeuge, die mit dem 3,6-Liter-Motor überwiegend als Omnibusse karossiert waren, 467 Stück.

Bereits im August 1949 begann man bei Opel, in Zusammenarbeit mit Konstrukteuren von General Motors, mit der Entwicklung eines ganz neuen Modells, dem 1,75-Tonner. Geplant war die Umstellung der Produktion auf ein völlig neues Modell nach Vorlagen von Chevrolet und zusätzlich sollte noch ein Eintonner Kastenwagen die Programmpalette erweitern. Doch nicht alle Vorhaben ließen sich wie geplant realisieren und so blieb es zunächst bei zwei kleinen Eintonner-Lieferwagen im Versuchsstadium. Wichtiger

hingegen schien die Umstellung der Produktion auf den neuen »Eindreivierteltonner-Schnelllastwagen«, von dem im Dezember 1951 zunächst zwei Fahrzeuge gebaut wurden. Ab Januar 1952 lief dann die Produktion des »Weich-Blitzes« in Rüsselsheim an.

Wirtschaftswunderjahre

Der neue Blitz mit Alligatorschnauze nach amerikanischem Vorbild wurde auf Anhieb ein Erfolg. Optisch ansprechend, mit integrierten Kotflügeln und geräumigem Stahlblechfahrerhaus bekam der »1,75-Tonner« zunächst einen Motor mit 58 PS. Ab Sommer 1954 gab es ein 62-PS-Triebwerk und für den Export gab es sogar 69 PS. Anfangs lieferte man das neue Modell noch ohne Schmutzbleche an den Hinterrädern aus. Neben dem Radstand von 3300 mm gab es ab

März 1953 auch einen Radstand von 3750 mm.
Ab Januar 1955 erfolgten konstruktive Veränderungen, wie Zehn-Blatt-Hinterfedern (statt Acht-Blatt), die das zulässige Gesamtgewicht von 3600 kg auf 3800 kg herauf setzten. Dazu wurde ein verbessertes Getriebe eingeführt. Die Synchronisation des zweiten bis vierten Ganges ermöglichte ein leichteres Schalten. Durch eine Verstärkung der Achsen wurde ebenfalls im Jahre 1955 die Nutzlast auf zwei Tonnen erhöht. Gleichzeitig ersetzte man den bisherigen Röhrenkühler durch einen Lamellenkühler. Anstelle des bis dahin üblichen Winkers wurden als Fahrtrichtungsanzeiger ab Herbst 1957 Blinker eingebaut und ab Juli 1958 gab es einen zweistufigen elektrischen Scheibenwischer. Selbiger wurde bis dahin über eine Welle mechanisch vom Motor angetrieben.

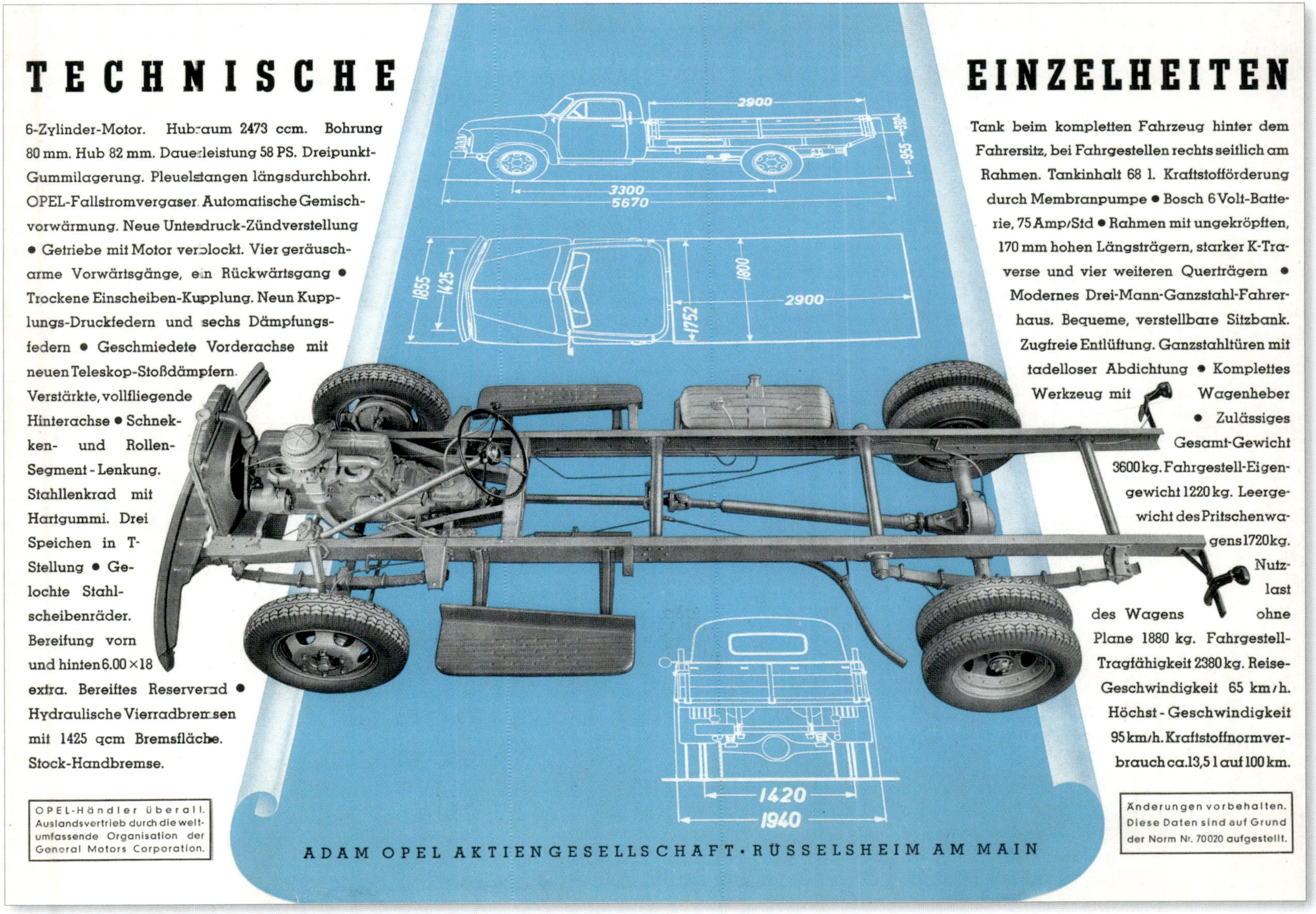

Mit den Werksferien 1959 kam der neue Phase-III-Motor (2,6 Liter) mit 70 PS. Rund neun Jahre blieb dieser erfolgreiche Lkw im Opel-Lieferprogramm. Allein 1954 wurden 13.165 Fahrzeuge dieses Typs abgesetzt. Insgesamt brachte es der 1,75-t-Blitz auf 89.767 Einheiten und dies in so unterschiedlichen Versionen wie Pritschen- und Kastenwagen, Omnibus, Sattelschlepper und Kleinfeuerwehr. Dazu sah man den Blitz in zahlreichen Varianten im Einsatz bei Post, Polizei und Kommunalbehörden.

Die Bundeswehr hingegen zeigte dem Blitz die kalte Schulter. Insgesamt wurden drei Allrad-Typen von der Opel-Entwicklungsabteilung gebaut, fielen aber bei den harten Geländetestfahrten und auch vom Preis her letztlich durch.

Zur Steigerung der Wirtschaftlichkeit, vor allem im Kurzstreckenverkehr, konnte

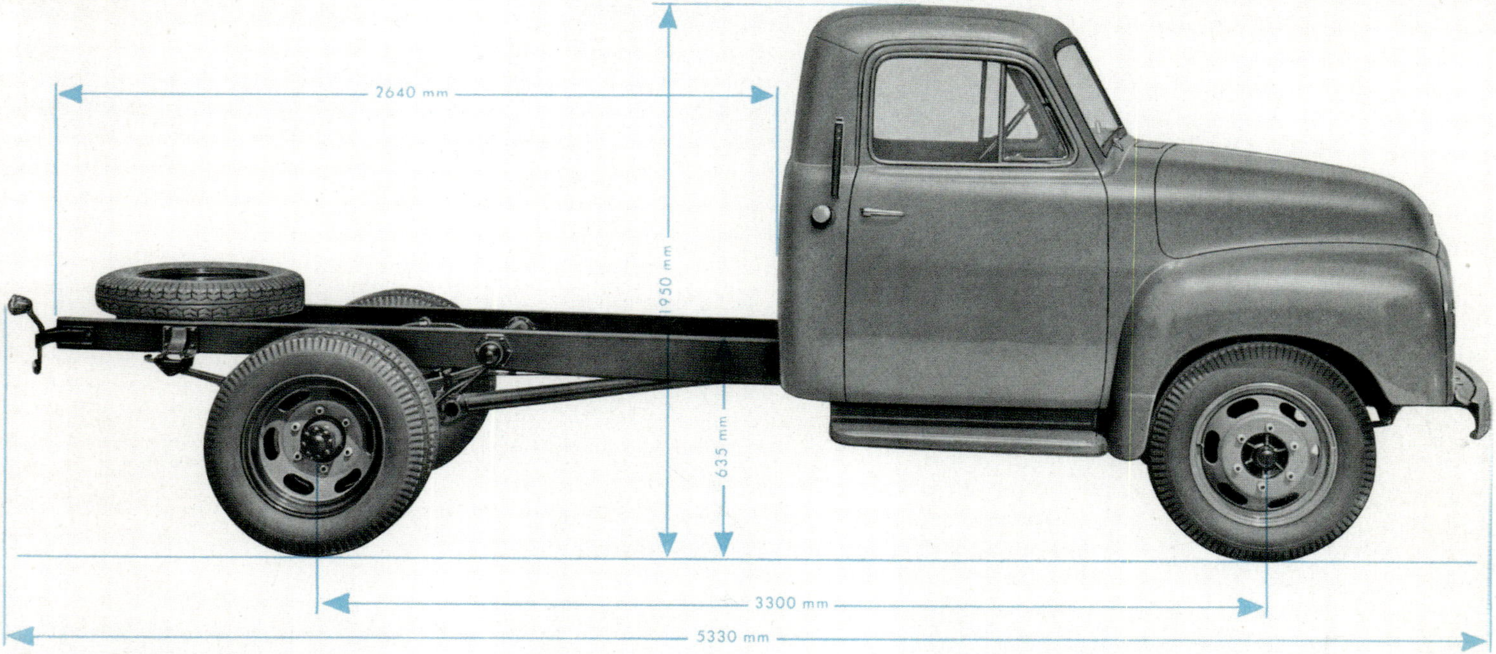

Verstärkte, vollfliegende Hinterachse. Hydraulische Bremsen. Die Gleitfeder ist vorn in Gummi gelagert und abgekröpft.

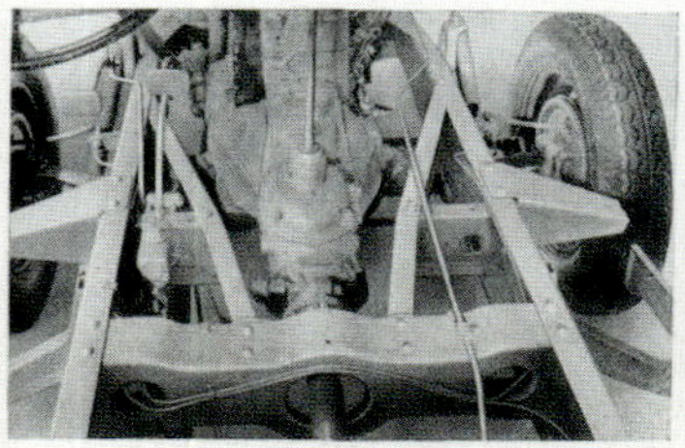

Die verstärkte K-Traverse bewirkt eine große Diagonal-Steifigkeit des Rahmens, der eine Steghöhe von 170 mm aufweist.

Die geschmiedete Vorderachse mit langen, weichen Vorderfedern und neuartigen Original OPEL-Teleskop-Stoßdämpfern.

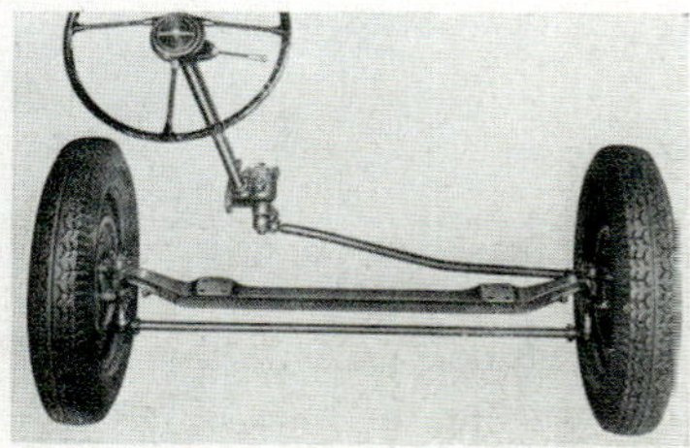

Die stoßfreie, leicht nachstellbare Rollen- und Segment-Lenkung bleibt ohne Beeinflussung durch die Federung.

man das Fahrzeug auf Treibgas umrüsten lassen, wobei die Gasflaschen seitlich am Rahmen angebracht wurden. Für den von Kunden oft geäußerten Wunsch nach Dieselmotoren hatte man bei Opel jedoch keine offenen Ohren, was sich letztlich rächen sollte.

Modell/Typ/Baureihe	Blitz-Lkw 1,75 to
Bauzeit	1952–1960
Stückzahl	89.767
Motor	6-Zylinder (Reihe) Ottomotor
Leistung: PS, U/min	58, 3700
Bohrung x Hub: mm	80 x 82
Hubraum: cm³	2473
Getriebe	4-Gang (ab 1955 sperrsynchronisiert)
L x B x H: mm	5670 x 1940 x 2510
Radstand: mm	3300/3750
Räder (Bauart)	Stahlscheibenräder (Tiefbettfelge)
Leergewicht: kg	1785 (mit Fahrerhaus)
Zulässiges Gesamtgewicht: kg	3600 (ab 1955: 3800)
Tankinhalt: l	68
Höchstgeschwindigkeit: km/h	95
Grundpreise: DM	8050,– (Pritschenwagen); 8400,– (mit Plane)

Ab Frühjahr 1953 im Verkaufsprogramm:
Der Eindreivierteltonner mit langem Radstand.

9

DIE LETZTEN BLITZE

Blitz 1,9 to Pritschenwagen, 1962.

Im Jahre 1959 wurde auf der Internationalen Automobilausstellung (IAA) in Frankfurt der Blitz für das neue Jahrzehnt vorgestellt. Kennzeichen: Eckig-kompakter Kurzhauber mit ungeteilter Frontscheibe – optisch ganz auf den Geschmacksstil seiner Zeit ausgerichtet. Kraft verlieh ihm ein 70-PS-Kurzhubmotor, der vom Opel »Kapitän« stammte. Dieser ragte zwangsläufig in den Innenraum der Fahrerkabine hinein, was aber seinerzeit durchaus nicht ungewöhnlich gewesen ist. Der »Exportmotor« war um acht PS kräftiger. Neu war beim Blitz auch die vollsynchronisierte Lenkradschaltung – ebenfalls dem Zeitgeschmack angepasst. Als Pritschen- und Kastenwagen gebaut, standen zwei Radstände (3000 mm und 3300 mm) zur Auswahl. Das Karosseriewerk Voll übernahm die Kabinen- und Aufbaufertigung. Die Nutzlast wurde im Jahre

Blitz mit Viehtransporteraufbau, 1963.

1964 auf 2,1 Tonnen erhöht. Bis zum Jahr 1965 verließen 43.969 Fahrzeuge die Rüsselsheimer Bänder. Der dann vorgestellte Nachfolger erhielt den Vierzylindermotor des populären Pkw-Modells »Rekord«. Dieser mit 5.000 Umdrehungen arbeitende Vierzylinder erwies sich aber recht bald als ungeeignet für den Lkw-Einsatz.

Der auf der IAA 1965 vorgestellte »neue Blitz« war in seiner Grundkonzeption unverändert, fiel jedoch durch seine gefällige Haubengestaltung sofort ins Auge. Als wichtigste Neuerung ist der 1,9-Liter-Motor (70 PS) aus der CIH-Baureihe zu nennen, der die zunehmend veraltete Motorengeneration aus den 1930er Jahren ersetzte und u. a. im populären Pkw-Modell »Rekord« zum Einbau kam. Eigentlich sollte mit dem neuen Triebwerk nicht zuletzt der Verbrauch nach unten getrieben werden, doch die erzielten Werte erwiesen sich als sehr bescheiden. Sie lagen nur um 0,5 Liter unter dem Verbrauch des Vorgängers. Zudem erwies sich der mit 5.000 Umdrehungen arbeitende Vierzylinder recht bald als ungeeignet für den Lkw-Einsatz. Ab 1966 erhielt der 2,1-Tonner daraufhin eine Sechszylindermaschine mit 80 PS. Nun war auch wieder der Name Programm. Neben einer überdurchschnittlichen Beschleunigung erreichte der Blitz eine Spitzengeschwindigkeit von 100 km/h. Allerdings waren nur 80 km/h gesetzlich zulässig.

Angeboten wurde das Fahrzeug als 1,9- und 2,1-Tonner mit drei Radständen (3000 mm, 3300 mm und 3750 mm). Die Ladefläche des Pritschenwagens gab es ab November 1967 wahlweise in Holz- oder Stahlbauweise. Der geschlossene Kastenwagen war ab dem gleichen Zeitpunkt auch mit Hochdach erhältlich.

Modell/Typ/Baureihe	Blitz-Pritschenwagen 1,9 to
Bauzeit	1960–1963
Stückzahl	43.969 (inkl. der 2-Tonner-Variante)
Motor	6-Zylinder (Reihe) Ottomotor
Leistung: PS, U/min	70, 3600
Bohrung x Hub: mm	85 x 76,5
Hubraum: cm³	2605
Getriebe	4-Gang
L x B x H: mm	5170 x 2110 x 2250
Radstand: mm	3000
Räder (Bauart)	Stahlscheibenräder (Tiefbettfelge)
Leergewicht: kg	1815
Zulässiges Gesamtgewicht: kg	3800
Tankinhalt	68
Höchstgeschwindigkeit: km/h	103 (technisch möglich)
Grundpreis: DM	9050 (Spriegelgestell + Plane: 350,–)

Modell/Typ/Baureihe	Blitz Kastenwagen 2,1 to
Bauzeit	1966–1975
Stückzahl	47.368 (alle Varianten, inkl. 1,9–2,4 to)
Motor	6-Zylinder (Reihe)
Leistung: PS / U/min	80, 4500
Bohrung x Hub: mm	87 x 69,8
Hubraum: cm³	2490
Getriebe	4-Gang (synchronisiert)
L x B x H: mm	4150 x 1880 x 1630
Radstand: mm	3000, 3300 bzw. 3750 (je nach Ausführung)
Räder (Bauart)	Stahlscheibenräder
Leergewicht: kg	1935, 1995 bzw. 2080 (je nach Ausführung)
Zulässiges Gesamtgewicht: kg	4000
Tankinhalt: l	68
Höchstgeschwindigkeit: km/h	80 (gesetzlich zulässig)
Grundpreise: DM	12.460,– 13.015,– 13.420,–

Ausschnitt (Originaltext) aus der Opel-Werbung in den 1960er Jahren: Lkw-orientiertes Blitz-Fahrerhaus mit Pkw-Komfort. Ein angenehmer »Arbeitsplatz«. Breite Türen, bequeme Einstiege, Platz nehmen! Und fahren, fahren … ermüdungsfrei …, weil der Fahrersitz in 3 verschiedenen Ebenen verstellbar ist: In der Höhe, in der Sitztiefe, an der Lehne. Und weil der Motor vor dem Fahrerhaus liegt, und man hinter der Vorderachse sitzt, weil die Pedale richtig angeordnet, die Instrumente übersichtlich und die Lenkung extrem leichtgängig ist. Vier- und Fünf-Gang-Getriebe stehen zur Auswahl. Die Laufruhe, die Handlichkeit und die bekannte Zuverlässigkeit sind beim Opel Blitz Tradition.

Aber auch die neuen Modelle konnten den mittlerweile erfolgten Negativtrend beim Absatz nicht mehr stoppen. Wurden 1966 noch über 7.000 Fahrzeuge hergestellt, so lief ein Jahr später nur noch rund die Hälfte von den Bändern. Ein Grund dafür war die neue Transporterreihe 406/408 von Mercedes-Benz, die zu 90 Prozent mit wirtschaftlichen Dieselmotoren ausgeliefert wurde.

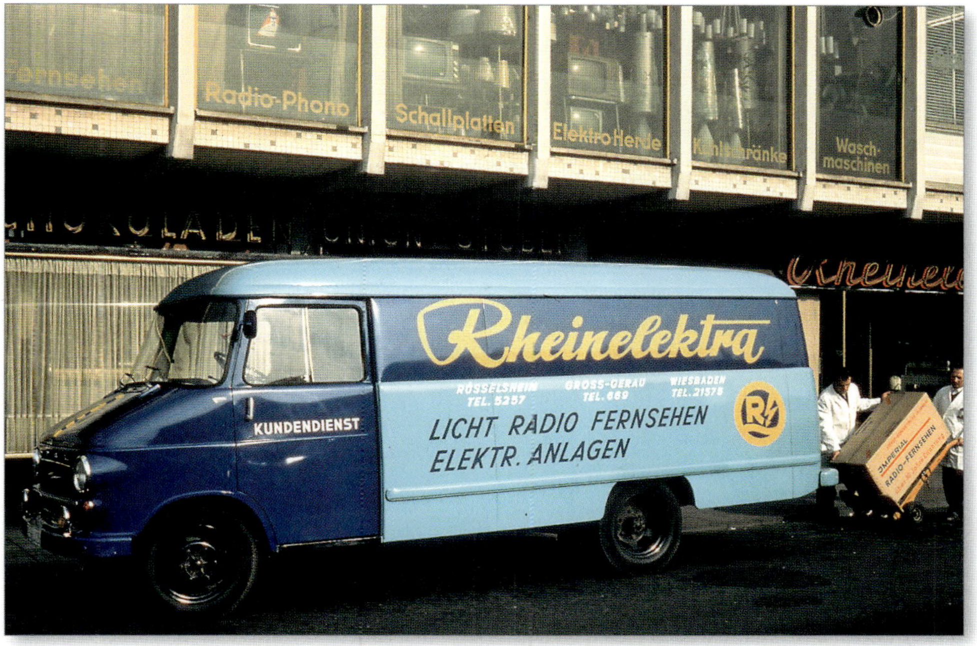

Blitz-Kastenwagen im Lieferservice, 1963.

Blitz-Zweitonner »Pritsche« mit Doppelkabine.

Altes Opel Blitz Feuerwehrfahrzeug aus den 60er Jahren. *(Foto: Joost Bakker © CC 2.0)*

Opel Blitz Feuerwehrfahrzeug der FFW Vilshofen a. d. Donau. *(Foto: HighContrast © CC 3.0)*

10

DIESELMOTOR UND »BRITEN-BLITZ«

Opel Blitz Diesel Pritschenwagen, 1969.

In der Chef-Etage bei Opel hatte man mittlerweile spät – zu spät – registriert, dass ein Dieselmotor für den »Blitz« unbedingt her musste. Mangels eigener Aggregate, die sich zwar nun endlich in der Entwicklung befanden, aber noch nicht serienreif waren, musste man in der Not Ausweichlösungen finden und griff auf Dieselmotoren von Peugeot/Indenor (= »Industrie Nord Est«) zurück. Nach einer gründlichen Erprobung wurde der 2,1-Liter-Motor (60 PS) des französischen Herstellers den Erfordernissen des »Blitz« angepasst und ab Ende 1968 als zusätzliche Triebwerksvariante für den 2,1- und 2,4-Tonner angeboten.

»Zum Bewährten das Neue. Opel Blitz – jetzt auch mit DIESEL-MOTOR«, so kündigte Opel zum Ende der 1960er Jahre das neue Triebwerk in den Werbeprospekten an. Es schien, als hätte man bei Opel die Zeichen der Zeit noch gerade rechtzeitig erkannt. Der Dieselmotor fand sofort Anklang bei den Kunden und die Verkaufszahlen orientierten sich wieder nach oben. Im Jahre 1969 verließen rund 7.000 Fahrzeuge die Werkshallen. Doch es war nur ein kurzes Strohfeuer. Der Absatz des einst so erfolgreichen »Blitz«-Lasters ging einerseits aufgrund der starken Konkurrenz kontinuierlich zurück und andererseits schien die Verkaufspolitik von Opel eher halbherzig geführt zu sein. Die damalige Konkurrenz von Mercedes und Hanomag arbeitete da wesentlich effektiver.

Auch der amerikanische Mutterkonzern zeigte an der Lkw-Fertigung in Deutschland kaum mehr Interesse und so gerie-

Modell/Typ/Baureihe	Blitz-Kastenwagen 2,1 (Diesel)
Bauzeit	1968–1975
Stückzahl	7.374 (alle Diesel-Varianten)
Motor	4-Zylinder-Diesel (Reihe) von Indenor (Frankreich)
Leistung: PS, U/min	60, 4500
Bohrung x Hub: mm	90 x 83
Hubraum: cm³	2112
Getriebe	4-Gang bzw. 5-Gang (synchronisiert)
L x B x H: mm	3500 x 1880 x 1630
Radstand: mm	3300
Räder (Bauart)	Stahlscheibenräder
Leergewicht: kg	2000
Zulässiges Gesamtgewicht: kg	4000
Tankinhalt: l	68
Höchstgeschwindigkeit: km/h	80 (gesetzlich zulässig)
Grundpreis: DM	14.179,90

Typischer Paketwagen der Deutschen Bundespost von 1970. Dieser Blitz Diesel steht heute im Postmuseum Heusenstamm. *(Foto: Jürgen Heegmann © GLFD)*

ten die Nutzfahrzeuge aus Rüsselsheim immer mehr ins Hintertreffen. Das »Aus« für die Fertigung kam dann auch keineswegs überraschend. Ende 1974 wurden bei der Firma Voll in Würzburg die letzten »Blitz«-Kabinen hergestellt und bis Ende Januar 1975 erhielten die letzten Lkw mit dem Blitz am Kühler ihre Zulassung. Von 1965 bis 1975 hatten 47.368 »Blitz-B« in unterschiedlichen Varianten die Montagebänder verlassen. Dazu kamen noch 7.374 Fahrzeuge mit Dieselmotor. Nach rund 44 Jahren endete im Januar 1975 die Ära dieses legendären Lasters. 218.788 leichte Lkw mit dem Blitz am Kühler waren alleine nach dem Krieg von den Bändern gelaufen. Eine stolze Zahl für ein Nutzfahrzeug.

Zunächst blieb der Name »Blitz« noch in Gestalt des von der englischen GM-Schwester Vauxhall/ Bedford importierten »Bedford-Blitz« erhalten, der ab April 1973 in das Opel-Verkaufsprogramm aufgenommen wurde. Doch die Zulassungszahlen betrugen 1982 nur noch rund 1.000 Fahrzeuge und im Jahre 1986 kam dann mit der Schließung des Bedford-Werkes in Luton auch das endgültige Aus für den »Pseudo-Blitz«.

Im Jahre 1969 wurde von der britischen GM-Tochter Bedford (Vauxhall) die Transporterreihe »CF« vorgestellt, die als Kastenwagen, Kleinbus und Pritschenwagen vor allem auf seinem Heimatmarkt recht erfolgreich war. Technisch als Kurzhauber mit vor den Sitzen positioniertem Motor konzipiert, überzeugte er in erster Linie mit einer hohen Nutzlast und einem niedrigen Preis, der durch die spartanische

Dieser Prospekttitel von 1980 zeigt den Bedford Blitz mit der neuen Frontgestaltung.

Ausstattung und einfache Technik ermöglicht wurde. Minuspunkte erntete er vor allem bei Federung, Bedienung und Fahrkomfort. In Deutschland konnte der britische »Blitz« nie richtig Fuß fassen, war jedoch als Basisfahrzeug für Wohnmobile häufiger anzutreffen.

Bedford Blitz CF von 1973.
(Foto: Charles 01, © GLFD)

Schematische Seitenansicht eines Wohnmobils auf Basis des Bedford Blitz.

11

ANHANG

Urlaubsidylle mit Blitz 1 3/4-Tonner-Bus anno 1953.

OPEL-BLITZ STATISTIK (1931–1944)

Nach Baujahren:

Bauhjahr	1,1 ltr., 1,3 ltr., Geschäftswagen	1 to	1,75 to 1,5 to	2,5 to 3,0 to	Gesamt
1931	1.348	–	677	2.039	4.064
1932	1.294	–	–	1.792	3.086
1933	1.191	62	–	2.236	3.489
1934	1.492	4.038	–	2.950	8.480
1935	3.458	4.289	–	5.222	12.969
1936	7.496	5.427	–	8.833	21.756
1937	6.837	6.446	–	10.891	24.174
1938	4.499	1.361	5.577	14.859	26.296
1939	3.335	2.935	5.066	16.485	27.821
1940	410	379	1.678	17.605	20.072
1941	–	–	3.485	15.947	19.432
1942	–	–	604	18.262	18.866
1943	–	–	–	23.232	23.232
1944	–	–	–	16.146	16.146
1945	–	–	–	–	–

Nach Baureihen:

Modell	Typ	Bauzeit	Stückzahl
P4 1,3 ltr. Geschäftswagen	1396	11. 1935–02. 1938	15.672
P4 1,1 ltr. Geschäftswagen	6100	03. 1938–04. 1940	7.405
Blitz 1 to 6 Zylinder	2,0-12	12. 1933–03. 1938	21.437
Blitz 1 to 4 Zylinder	5200	10. 1938–06. 1940	3.500
Blitz 1,5 to	2,5-32	01. 1938–11. 1942	16.410
Blitz 2 to /2,5 to, 3,5 ltr	3,5-34/83	12. 1930–03.1937	21.196
Blitz 3 to, 3,5 ltr	3,5-36+47	05. 1936–07. 1937	5.605
Blitz 3 to + 3 to »S«*	3,6-36	04. 1937–07. 1944	82.356
Blitz 3 to lang	3,6-42	06. 1937–07. 1944	14.122
Blitz 3 to Niederrahmen	3,6-47	05. 1937–07. 1944	8.336
Blitz 3 to Allrad	3,6-67	07. 1940–07. 1944	24.981
1942	–	–	604
1943	–	–	–
1944	–	–	–
1945	–	–	–
Blitz 3 to / 3,6 ltr. Gesamt		**04. 1937–08. 1944**	**129.795**

* incl. Blitz 3 to S/SSM »Maultier« Halbkettenfahrzeug ca. 4.000 und Panzerwerfer auf Blitz »S«-Fahrgestell.

Diese Statistik entstammt dem von Eckhart Bartels verfassten Buch »Opel Militärfahrzeuge 1906–1956«, erschienen bei Podzun-Pallas und als Lizenzausgabe im Karl Müller Verlag.

OPEL-BLITZ PRODUKTIONSZAHLEN 1946–1975

	1946	1947	1948	1949	1950	1951	1952	1953	1954	1955
Blitz 1,5 t	839	3.219	7.063	11.654	7.654	6.768				
Blitz 1,75 t						2	10.374	9.730	13.130	12.235
Blitz 3 t					99	237	50	46	35	

	1956	1957	1958	1959	1960	1961	1962	1963	1964	1965
Blitz 1,75 t	12.642	11.375	9.602	9.505	1.172					
Blitz 1,9 t					4.743	10.611	8.313	8.258	7.637	5.539

	1966	1967	1968	1969	1970	1971	1972	1973	1974	1975
Blitz 1,7 bis 2,4 t	7.722	3.540	4.070	7.202	6.461	5.201	4.614	4.398	3.070	58
										Gesamtzahl: 218.788

Diese Statistik entstammt dem Buch »Lastwagen, Lieferwagen, Transporter 1945–1988« von Werner Oswald (Motorbuch Verlag, 1989)

Blitz-Sattelschlepper der Wirtschaftswunderzeit.

QUELLENANGABEN

Folgende Buchveröffentlichungen bzw. Internetadressen wurden zu Recherchen herangezogen:

- Eckhart Bartels: »Opel Fahrzeug-Chronik 1887–2000« (Podszun Verlag)
- Eckhart Bartels: »Opel Militärfahrzeuge 1906–1956« (Karl Müller Verlag)
- Reinhard Frank: »Lastkraftwagen der Wehrmacht« (Podszun-Pallas-Verlag)
- Wolfgang H. Gebhardt: »Geschichte des deutschen Lkw-Baus« (Franckh/Weltbild)
- Henry Hoppe: »Opel Blitz 3-Tonner« (Heftreihe Tankograd, Verlag Jochen Vollert)
- Werner Oswald: »Lastwagen, Lieferwagen, Transporter 1945–1988« (Motorbuch Verlag)
- Werner Oswald: »Kraftfahrzeuge und Panzer der Reichswehr, Wehrmacht und Bundeswehr« (Motorbuch Verlag)
- Brekina-Autoheft extra: »Die Opel Blitz Geschichte« (Brekina-Modellspielwaren, 1990)
- www.opel-problemforum.de

DANKSAGUNGEN

Der Autor dankt namentlich Herrn Ernst-Peter Berresheim sowie Frau Anja Felder und Frau Carmen Russo von der Adam Opel AG, Herrn Eberhard Dersch, Pressesprecher des Polizei-Oldtimermuseums Marburg, Herrn Rolf-Bernhard Tryller, Herrn Henry Hoppe, Herrn Harald Brem und Frau Petra Träg für die nette Unterstützung bei Recherchen und Umsetzung.

ADRESSEN

Adressen-Tipp für Blitz-Fans:
Alt-Opel-Interessengemeinschaft von 1972 e.V.
Typen-Referent (1931–1951):
Rolf-Bernhard Tryller, Hauptstr. 115, 47877 Willich, E-Mail: tyller@alt-opel.eu

Typen-Referent (1952–1975):
Johannes H. Spierings, Nieuwstraat 42, NL-5447 BG Rijkevoort

Der Opel Blitz als »Feuerrotes Spielmobil« der gleichnamigen 70er-Jahre-Kindersendung des Bayrischen Rundfunks.

ZUM WEITERLESEN AUS DEM MOTORBUCH VERLAG

VW Käfer

Robust und zuverlässig, wurde der Käfer zum Symbol für das deutsche Wirtschaftswunder. Alexander F. Storz lässt die Geschichte dieser Legende mit unzähligen Fotos, Zeichnungen und Prospekten wieder aufleben.

96 Seiten, 155 Bilder, Format 240 x 220
ISBN 978-3-613-03390-0
€ 9,95/sFr 14-,/€(A) 10,30

Mercedes-Benz Ponton

Der Mercedes W 120 war der erste Mercedes mit selbsttragender Karosserie, der so genannten »Ponton«-Form. Diese Schrader-Typen-Chronik setzt der unvergessenen Baureihe ein Denkmal.

96 Seiten, 150 Bilder, 6 Zeichnungen, Format 240 x 220
ISBN 978-3-613-03343-6
€ 9,95/sFr 14-,/€(A) 10,30

VW Käfer

Der Käfer ist eine Motor-Legende, die sich über 20 Millionen Mal weltweit verkauft hat. Der Kleinwagen aus dem Hause VW wurde schnell zum Symbol für das deutsche Wirtschaftwunder – ein Fahrzeug, dessen Erfolg in der Automobilgeschichte einmalig ist.

96 Seiten, 156 Bilder, Format 240 x 220
ISBN 978-3-613-03276-7
€ 9,95/sFr 14-,/€(A) 10,30

VW »Bulli«

Der Volkswagen Transporter T2 war Sinnbild der Popkultur. In den 60er und 70er Jahren wurde der so genannte »Bulli« zur Ikone und stand für Flower-Power und Woodstock-Kult.

96 Seiten, 119 Bilder, 12 Zeichnungen, Format 240 x 220
ISBN 978-3-613-03369-6
€ 9,95/sFr 14-,/€(A) 10,30

Motor buch Verlag

www.motorbuch-verlag.de

Service-Hotline:
01805/00 41 55*

*0,14€/Min. aus d. dt. Festnetz,
max. 0,42€/Min. aus Mobilfunknetzen